西方建筑史丛书

# 文艺复兴建筑

［意］索尼娅·塞尔维达　著　李欣羽　译

北京出版集团公司
北京美术摄影出版社

Original Title Storia dell'architettura Del Rinascimento
Text by Sonia Servida

图书在版编目（CIP）数据

文艺复兴建筑 / (意) 索尼娅·塞尔维达著 ; 李欣羽译. — 北京 : 北京美术摄影出版社，2019.2
（西方建筑史丛书）
ISBN 978-7-5592-0129-4

Ⅰ. ①文… Ⅱ. ①索… ②李… Ⅲ. ①文艺复兴—建筑艺术史—欧洲 Ⅳ. ①TU-095

中国版本图书馆CIP数据核字(2018)第093722号

北京市版权局著作权合同登记号：01-2015-4549

责任编辑：耿苏萌
助理编辑：杨　洁
责任印制：彭军芳

西方建筑史丛书

# 文艺复兴建筑

WENYI FUXING JIANZHU

[意] 索尼娅·塞尔维达　著
李欣羽　译

出　版　北京出版集团公司
　　　　北京美术摄影出版社
地　址　北京北三环中路 6 号
邮　编　100120
网　址　www.bph.com.cn
总发行　北京出版集团公司
发　行　京版北美（北京）文化艺术传媒有限公司
经　销　新华书店
印　刷　鸿博昊天科技有限公司
版印次　2019 年 2 月第 1 版第 1 次印刷
开　本　787 毫米 × 1092 毫米　1/16
印　张　9
字　数　120 千字
书　号　ISBN 978-7-5592-0129-4
定　价　99.00 元
如有印装质量问题，由本社负责调换
质量监督电话　010-58572393

# 目录

# 引言

"文艺复兴"一词，通常用来指代 14 世纪伊始在意大利产生的艺术转型。该词的使用最早出现于 18 世纪，并由一本名为《意大利文艺复兴之文明》的著作的推广而开始广泛流传。此书作者为雅各布·布克哈特，一名瑞士的历史学家。在其著作中，他认为当时文化与中世纪的决裂和重生推动了文艺复兴的诞生。在通往现代道路的历史变更进程中，14 世纪和 15 世纪艺术和文化的伟大革新画下了浓墨重彩的一笔。13 世纪经济危机之后的城市复苏，预示着一个新的非宗教阶级成功登上历史舞台。该世俗阶级的成员大都因经商而富足，并且通过建造新的公共和私人城市建筑设施改变着城市的面貌。

从政治的角度来看，欧洲呈现出两种情况：一种情况是如法国、西班牙和英国这样的君主制国家，通过向封建地主索取土地而使得国家领土逐渐趋于统一，同时实现了政治权利的集中。另一种相反的情况是如意大利这样的非君主制国家，因司法权较为分散，公民机构所具备的政治权利有减少的趋势，并渐渐被城邦体系所取代。但是这一事实并没有影响到当时智慧思想的整体发展和演变，反而对其起到了促进的作用，在城市这片沃土中得到广泛流传，人们理想中的伦理道德以及民主与伟大的古罗马时期文化产生共鸣。古典文学作品的研究推动了当时世俗学者的学术与文学作品发展，从而向公民机构和诸侯集团提供了更优质的服务：这些古籍研究者重新发掘古代作家，并从语言学角度研究先人的作品，在这一过程中他们成为古罗马时期意大利文化的传播者。在他们的宣传和推广之下，早在 14 世纪就已含苞待放、初现光彩的神话故事在 15 世纪的非精英文化阶级得以广泛流传。在 14 世纪的乔托和薄伽丘时期，艺术革新意识就已经在绘画、文学等领域开始萌芽，并在下个世纪发展与扩散到更为广阔的领域：布鲁内莱斯基、阿尔贝蒂、布拉曼特以及之后的帕拉第奥这些建筑大师，意识到赋予一个崭新样式以生命的重要性，于是他们打破了建筑样式与近期历史的联系，转而将古典样式带到了聚光灯下。

## 宗教建筑

如逝去的那些伟大年代一样，在文艺复兴时期，宗教建筑因其象征性意味及其具有文明特征的集体主义特色，依然可以被认为是最重要也最具代表性的

4 页图

**列奥纳多·达·芬奇，《维特鲁威比例准则》，威尼斯美院博物馆，威尼斯，意大利**

维特鲁威比例准则展现出来的嵌于一圆之内的人体，在文艺复兴设计中得以重现。这一作品代表了人文准则，表现出人体比例中存在着世间万物绝美的尺度。

一类建筑。

宗教建筑的重要性除了体现在其建造的质量和数量上，也体现在与其相关的大量理论文章上——莱昂·巴蒂斯塔·阿尔贝蒂的《建筑十书》就是具有始创意义的一例：在书中，关于理想教堂的建造，身为建筑师的阿尔贝蒂提出了一套细致而完善的纲要。在这位佛罗伦萨本土建筑师心目中，教堂无疑是整个城市中最为重要的建筑。

从 15 世纪开始，古典建筑样式重新受到重视，推动建筑师转向古代文献，向维特鲁威的论文寻求参考，也向非基督教教堂学习类型学经验。从一方面来讲，文艺复兴时期的建筑师认为许多中世纪建筑受到了古罗马建筑的影响。例如佛罗伦萨洗礼堂被认为有古罗马战神殿的影子，而罗马的圣斯特法诺圆形教堂则体现出古罗马牧神庙的身姿。和布鲁内莱斯基同时期的建筑师们不仅从古典时代和古典时代晚期的建筑中寻找参考样例，他们也同样从时期上更为临近的中世纪建筑中捕获灵感——佛罗伦萨的圣母百花大教堂就是这样的一例：该教堂讲道坛区域的集中扩建项目就对后来的大教堂建造产生了深远影响。这一案例显示出，在文艺复兴研究中，一些关键主题在 14 世纪的建筑中就已显露端倪。

6页图

**菲利波·布鲁内莱斯基，圣洛伦佐教堂，15世纪20年代，佛罗伦萨，意大利**

圣洛伦佐教堂因佛罗伦萨美第奇家族城市整体革新项目的推行而得以重建。该教堂是文艺复兴时期，根据城市空间规范化和模块化准则而设计与实施的第一个建筑项目。

在这个设计项目中，建筑师布鲁内莱斯基基于传统的中世纪意大利修道院式教堂规则，提出了三殿式教堂的方案。从建筑平面上看，凸起的十字形耳堂被礼拜堂包环，并在顶上被覆以一圆形穹顶。

教堂内部空间呈现出古典样式系统的形态，而这一形态的实现归功于拱形结构的连接作用。这一庄严的古典形态经推测来源于古罗马建筑，并在之后成为整个文艺复兴时期建筑中构造围墙的准则与规范。

左图

**君士坦丁凯旋门，312—314年，罗马，意大利**

传统的凯旋门高耸的样式和其建筑目的相契合。在经历了无数修改变化之后，成为极具代表性的文艺复兴建筑元素之一。

经过文艺复兴的洗礼，建筑的样式得到更新，那一时代早期的教堂大多是菲利波·布鲁内莱斯基建筑革命的璀璨产物，这些作品通过古典语言，将中世纪的建筑空间带上了理性主义的道路。在佛罗伦萨圣洛伦佐教堂以及佛罗伦萨圣神大殿教堂的项目中，布鲁内莱斯基以意大利传统修道院建筑为原型，提出了一套富有特色的构建方案。这一对建筑的重新定义，为之后几个世纪的宗教建筑的建造奠定了基石。佛罗伦萨圣神大殿教堂的中殿，就是在模度化网格的基础上，构建而成的和谐而连续的规整空间。中殿尽头的殿堂，是连接左右耳堂及其后方唱诗台的枢纽，其上覆有一圆形穹顶。讲道坛位于教堂的尽头，从平面上看，它沿着中轴线对称，如同一个中心构图的有机体，这一特色影响了文艺复兴时期大多数教堂的模样，也确定了所谓的复合型教堂的诞生。此类教

8页图

**莱昂·巴蒂斯塔·阿尔贝蒂，新圣母大殿教堂大门，1458—1460年，佛罗伦萨，意大利**

在布鲁内莱斯基提出"圆柱可以直接支撑门拱"这一拼凑杂合的构建关系之前，莱昂·巴蒂斯塔·阿尔贝蒂曾经提出和确立过"圆柱—过梁"和"方柱—门拱"这两个构建系统之间的绝对分立关系，并在新圣母大殿教堂的立面大门设计中将这一理论构思付诸实践。

左图

**弗朗切斯科·迪·乔治·马丁尼，坦比哀多，都灵皇家图书馆，都灵，意大利**

在文艺复兴时期，古老而具有长方形平面的神殿鲜为人知，仅帕拉第奥在古罗马宗教建筑的特点研究上有突出贡献。

在15世纪，绝大多数宗教场所都相信古罗马建筑是基于平面中心构图，这也深远影响了文艺复兴时期的建筑师们。在中心构图的古建筑中，有两个环有柱廊的圆形坦比哀多案例：他们的主体由神像堂构成，外部环有一圆柱。这两个案例一个位于罗马台伯河边，另一个位于蒂沃利。在深入学习研究这两个雏形典范之后，15世纪涌现出无数基于此案例的新建筑和绘画作品，其中，布拉曼特在蒙托里奥的圣彼得教堂的侧院中所建的坦比哀多为集大成者。

堂的纵向平面构图是建立在古罗马时期和后古典时期许多典型建筑的基础之上。

阿尔贝蒂和弗朗切斯科·迪·乔治·马丁尼这两位建筑师也对这一时期建筑构图规范的精确性做出卓越贡献：阿尔贝蒂用他设计的位于曼托瓦的圣安德烈亚大教堂给构图规范做出了新的诠释；而弗朗切斯科·迪·乔治·马丁尼则将这一规范带上了系统化、体系化的道路，其建造案例有乌尔比诺的圣博娜迪诺和卡奇纳佑的圣母感恩教堂。秉持着神人同形理念，这位来自托斯卡纳小镇锡耶纳的建筑师在他的文章论述和设计手稿中，展示了混合式方案和人体形态相契合的魅力。

文艺复兴时期建筑师对几何形态（如圆形、正方形、八边形）的设计偏爱，从布鲁内莱斯基的建筑作品中清晰展现出来。在这些作品中，圣母天使教堂是具有代表性的一个案例，此教堂的原型是维特鲁威笔下的古罗马建筑。另一个典型案例则是布鲁内莱斯基设计的佛罗伦萨圣母百花洗礼堂，该建筑就是根据古罗马时期和后古典时期"以中心为建造基点"的方式建造而成的，此洗礼堂的原型为八边形陵墓、万神殿和古罗马帝国废墟。对于维特鲁威和阿尔贝蒂而言，圆形代表着如同水晶般透彻明亮的完美自然形态，具有理想比例的模度应该给予宗教建筑以象征性的卓越形态。神殿的概念——具有圆形形态并被环以圆柱，放在文艺复兴的构思背景中，就体现在弗朗切斯科·迪·乔治·马丁尼的设计里，以及来自乌尔比诺一佚名人士的名为《理想城市》的画中。在这幅假想城市画中，一个纪念性环形建筑矗立在画面的正中央。受其启发，建筑师布拉曼特就以其为原型建造了蒙特里奥的圣彼得教堂侧院中的坦比

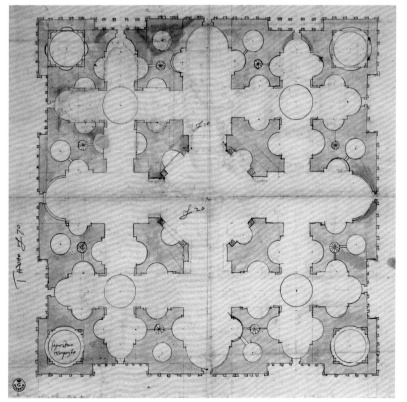

哀多——与维特鲁威理念相呼应的一个圆形和正方形相互契合的建筑。

通过对平面和立面的设计来构建建筑的方式在中心构成式建筑中找到了广沃的试验田，文艺复兴时期的建筑师们采取这种构建方式，探究了如何从正确布置建筑体块入手，对空间进行构造。这一中心构成空间的类型，通常是以一个覆有圆形穹顶的大殿为中心，对称地环绕着其他小殿。而这一空间类型引起了布拉曼特和达·芬奇两位建筑师在米兰斯福尔扎城堡合作项目中的激烈辩论，使两者产生了一场紧张的智慧较量。始建于后古典时期的米兰圣洛伦佐教堂是一个杰出的典型范例，为布拉曼特和达·芬奇对中心构成式建筑的设计提供了启发，这座教堂从平面上看，呈八边形，若干小型卫星体块环绕着中心布置。这一卓越水准的空间布置将上述两位建筑师的思考引向了对多中心体设计的重新定义。而对这种复杂有机体的思考和设计，也成为达·芬奇设计笔记中

上图

**乔凡尼·巴达乔，圣母十字教堂，1490年，克雷马**

建筑师乔凡尼·巴达乔是活跃在布拉曼特设计圈中的一位建筑师，两人在米兰的桑蒂洛教堂建造工程中曾有过合作。

在当时，米兰设计圈内存在着长达数年之争的建筑学问题，这一问题来源于伦巴第大区后古典时期的建筑遗迹，并在文艺复兴时期得到了广泛关注，尤其受到达·芬奇和布拉曼特这两位建筑师的思辨与讨论。

而乔凡尼·巴达乔则对其进行了总结，并将结果展示在圣母十字教堂这个项目中。这个教堂是个具有复杂结构的有机体，从平面上看具有希腊十字的构造——以一圆柱体殿堂为中心环绕着四个小殿。

最为耀眼的高峰。与此同时，布拉曼特对这一理念的设想与实践，始于圣桑蒂洛圣母教堂圣器收藏室，并在之后其他设计项目中趋于成熟，最终在 1500 年之后在圣彼得大教堂的设计中大放异彩。布拉曼特在这个项目中设想了一个五边形教堂的方案：五个覆有穹顶的小殿与位于中心的古希腊十字大殿相嵌，成为一个正方形和十字形互相渗透连接的中心构成有机体。

具有较宽横截面的柱子在这一时期被发明，有机地嵌入八边形中心十字教堂更为宽大的结构当中，标志着这个具有深远影响的空间变化登上了 15 世纪历史的舞台。布鲁内莱斯基明朗端庄的线性化空间构成、阿尔贝蒂在圣安德烈亚教堂中殿展现出来的古罗马式筑墙体系、布拉曼特强势有力的分节式建筑形体构造都是建筑史中具有重要意义的篇章。

圣彼得大教堂如同使徒圣彼得陵墓般的形象，代表着在定义宗教建筑理想形态的这一领域，形式与知识探究的绝对制高点。与此同时，圣彼得大教堂也成为具有首要重要性并得到广泛传播的一个典范。布拉曼特的建筑语言通过其门徒的作品得到广泛推广，因此具有较为低调外形的中心构成型建筑在佩特里亚诺如雨后春笋般出现。

## 私人宫殿和市民建筑

直到 15 世纪开端，相较于宗教建筑和公共建筑，住宅建筑的发展一直处于次要地位。公共建筑因其代表的公民生活集体性而始终处于研究的焦点。各

左下图
**小安东尼·圣加洛，法尔尼斯府邸内院，始于1514年，罗马，意大利**

右下图
**古罗马斗兽场，前80年，罗马，意大利**

文艺复兴建筑对于古罗马建筑的依附也体现在基于古罗马柱式而设计的墙体外形。古罗马斗兽场立面的设计语言——由低到高的三层依次为塔斯干柱式、爱奥尼克柱式、科林斯柱式——成为法尔尼斯府邸内院墙体的模板。该项设计建造活动始于小安东尼·圣加洛，并最终由米开朗琪罗完成了最后一层的收尾工作，严谨准确地引用了古罗马露天剧院纵向的三段式柱式韵律。

式教堂、温泉浴场和剧院在经历了时间的沉淀之后，都逐步确立了较为完善的特定形态。但与此同时，住宅建筑因其以实际需求作为出发点，较为私人的特性，而缺乏特定的基础模板。

从中世纪开始，出现一些杰出的案例，渐渐瓦解了宗教建筑及民居建筑之间的二分性，提出将这两种不同趋势相融合的解决方案，具有防御工事并讲究对称的城堡就是一个典型代表，而其体现出的一些特性对之后建筑的发展产生了重要影响。

在设计的过程中利用构造元素来规范民用建筑的意图，最早可以上溯到托斯卡纳大区文艺复兴前的那个阶段：佛罗伦萨建于 14 世纪的旧宫，体现了根据规则的空间而组织建筑立面的这一初步意图。但是 15 世纪伊始，古建筑的重新发现以及古罗马的拉丁语言使用才是真正的转折点。建筑样式的创新革命同样也席卷了住宅建筑，开始促使民用建筑享有和宗教建筑同等的待遇。建筑师们将注意力逐渐转向民用建筑，以给予住宅新的建筑尊严为目标，规范平面和立面的元素，根据古典样式赋予建筑新的美学特色。从佛罗伦萨的经济角度而言，需要获得社会认可的富商促使了寡头经济的形成，为推动私人住宅的发展提供了理想的环境。美第奇家族的科西莫一世提出构建美第奇宫的需求，并由建筑师米开罗佐在 1444 年建造而成，这座宫殿是佛罗伦萨第一座属于民间

下图

**归尔甫派宫，14 世纪，佛罗伦萨，意大利**

从年代顺序和构建活动的重要性来看，布鲁内莱斯基是否对归尔甫派宫做出了卓越贡献还有待考证。但无论如何，可以确定的是这位佛罗伦萨本土建筑师赋予了该宫殿第二层立面以尊贵品质：他使用了少量而简洁的元素，如超越了普通制式的巨窗和房角高大的壁柱，但这些并未建成完工，所以如今只能看见它们隐约的一些痕迹。

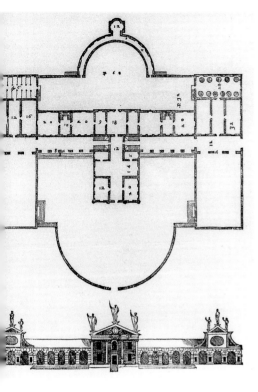

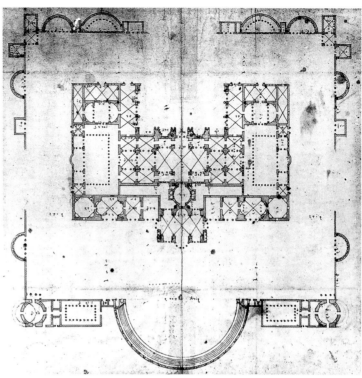

艺术资助者的住所，并成为之后住宅建筑的起点。

维特鲁威在他论文中所描述的古罗马民居成为文艺复兴时期建筑师建造民宅的理论参考。在其论述中，古罗马民居从平面方案上看，前厅、中庭和廊柱式内院沿着横向中轴线依次排列，在住宅的中心私密位置，坐落着一个带拱廊的庭院，在其四周对称分布着各类房间。维特鲁威描述的这一方案，成为文艺复兴时期的建筑师们修建私人住宅的典范，对住宅建筑产生了新的诠释，引发了无数重建工作。在布鲁内莱斯基1435年对佛罗伦萨归尔甫派宫的建造活动中，建筑古典柱式第一次被使用在建筑立面上，起到调节整体韵律的作用。十多年之后，在鲁切拉宫的设计中，莱昂·巴蒂斯塔·阿尔贝蒂对古典柱式进行了完善，提出将古代剧院样式相叠合，使之成为构造建筑立面的规范方式。然而在佛罗伦萨这座美第奇家族统领的城市，这种受古典柱式影响，体现在建筑立面上的当地独特韵律，并未有幸能够进一步地得到发扬和传承。相反，美第奇家族的科西莫一世下令建造的美第奇宫所体现出来的建筑特色——外墙垒以粗犷的砌琢石、建筑具有高挑凸出的檐口——得到了适应和改进，并得到推广，之后建造的斯特罗齐宫就是如此的一个案例。基于古建筑模板所进行的构造实验持续了整个15世纪，以中心庭院为中心而发散建造的建筑成为这一实验浪潮的起点，影响了包括多中心发散型建筑在内的其他建筑。建筑师朱利亚诺·达·圣加洛为美第奇家族佛罗伦萨劳拉路上的一套府邸所做的设计方案就受到该思潮的启发。在16世纪的前一二十年里，建筑的空间体量以古罗马别墅的形式逐渐膨胀，安德烈亚·帕拉第奥从古典研究中提取了新的启发和模板，并在其建筑作品中做出了最终的概括。

左上图
**安德烈亚·帕拉第奥，马塞尔，巴巴罗别墅的平面和立面，《建筑四书》，1570年，威尼斯，意大利**

右上图
**安德里亚·帕拉第奥，《罗马戴克里先公共浴场平面测绘》第十章第1页，英国皇家建筑师协会，伦敦，英国**

帕拉第奥设计的纪念性建筑和位于威尼托大区内陆的住宅建筑通常都是基于古代不同类型的建筑而重新设计的——如古罗马帝国公共浴场——整体连续而对称，体现了帕拉第奥根据委托需求而采用的建筑模板。平面方案由核心居住区和凸出于中心并环有半圆形露天回廊的两翼组成。帕拉第奥无疑研究过罗马戴克里先公共浴场，并在其基础上重新提出了新的方案。

# 15世纪文艺复兴时期的建筑

自 15 世纪伊始，古典建筑样式的修复工作变得更加细致，并趋于系统化。公共浴场、大教堂、古神殿等古罗马帝国废墟被重新发掘，并成为新建筑语言寻求参考的源泉，高贵而闪耀。

自从布鲁内莱斯基提出了具有革命性意义的空间规范后，人文建筑开始在古建筑中寻求平面布局以及立面构造的美学参考。对古罗马废墟遗迹的研究，成为 15—16 世纪建筑师的职业道路上十分重要的历程。与此同时，在这一背景下诞生了一系列介绍古建遗迹的插图指南类文学作品，推动了古建筑语言的流传，使其得以被后代所遵循。测量技术的革命与广大艺术家强大的绘画再创作能力相结合，孕育出大量建筑绘图作品，成为古典魅力在文艺复兴建筑上产生深远影响的最佳佐证。

将古建筑遗迹和维特鲁威在 1 世纪所发表的建筑论述——《建筑十书》进行比对研究，可以发现建筑的发展与古典案例相较而言，更依附于哲学的层面。《建筑十书》在中世纪就已受到关注，但是直到教皇因诺琴齐奥八世时期的 1486 年，才被罗马学院的考古学家苏尔皮齐奥·达·韦罗利第一次出版。马尔科·维特鲁威·波廖内是一位建筑师及工程师，在凯撒大帝时期，负责掌管军事器械；在屋大维统治时期担任建筑师，并写出《建筑十书》这部论述。

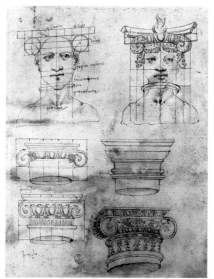

维特鲁威的建筑作品为世人所知甚少，唯一为人知晓的作品是已经消逝不复存在的法诺大教堂。维特鲁威的文章，往往冗长而晦涩难懂，并且缺乏图解，而这恰恰为后人提供了对其进行重新加工的机会，成为后代学者与建筑师自由诠释古罗马建筑的起点。由于维特鲁威所著的原文存在部分缺失的情况，并且现代建筑所需求的房屋类型无法在传统古建筑中找到原型，因此更需要当代学者对维特鲁威的原文进行润色与再加工。自第一个打印版本开始，维特鲁威的论文被重新出版多次，而每次再版往往都会配有出版人所绘的插图：1511年在威尼斯发行了第一版由弗拉焦孔多插图的《建筑十书》。1521年在科莫发行了由切萨雷·切萨里阿诺翻译的意大利语版本。

莱昂·巴蒂斯塔·阿尔贝蒂，15世纪建筑界极具影响力的多面手之一，著有《建筑论》，此书发表于1485年，分为十册，是关于文艺复兴建筑的第一部论述，他对史料进行了深入研究，准确地遵循维特鲁威所著的《建筑十书》的基本结构框架；除此之外，阿尔贝蒂也参考了大量的历史文献，尤其是分析研究古罗马废墟的资料，然而遗憾的是，这些历史资料如今已经失传。对于"美"的理解，阿尔贝蒂深受维特鲁威的影响，认为一个物体的"美"是基于其各个部分的和谐，以及每个机体必要的恰当比例——小至建筑的柱头，大至整个建筑，乃至一座城市——因为缺少了任何一个部分，就称不上优美。因此，一个物体的"美"与对称性和模度的通约性密不可分，因而由大自然创造出来的对称比例成为被广泛遵循的黄金尺度。最初的人文主义肯定了通过数学的方式来检验我们肉眼所看到的世界，而透视法成为使之实现的工具。

来自佛罗伦萨的安东尼奥·阿韦鲁利诺（被称为菲拉雷特）在1460年左右用通俗易懂的对白的方式，写出了一篇文章献给弗朗切斯科·斯福尔扎公爵。在文中，作者鼓动这位米兰公爵弃置由蛮族带入意大利的基于经验主义的哥特式风格，并推荐了布鲁内莱斯基在佛罗伦萨已经开始实践的古代建造方式。维特鲁威是引导菲拉雷特文章的毋庸置疑的权威，与此同时，《建筑论》也对菲拉雷特的论文产生重要影响，虽然相较而言，菲拉雷特的文章不如前者的精简概括，其光辉也不如阿尔贝蒂的闪耀。菲拉雷特的文章详细描述了一个被称为斯福尔琴达的乌托邦城市，阿尔贝蒂所提倡的秩序与对称原则在其中得到体现。文中富有想象力的配图形象生动地展现了城市中最具重要性的建筑，其中有些建筑是菲拉雷特自己设计的。

弗朗切斯科·迪·乔治·马丁尼（1439—1501年）用不同版本的绘画诠释了维特鲁威提出的拟人论原则，1480年马丁尼在乌尔比诺编写的《关于民用建筑和军事建筑的论述》就是其中一例。这位来自锡耶纳的建筑师的作品，成为文艺复兴插图中最为闪耀的证明，他在更为广泛的定义内探讨建筑：从军事科技到古代类型学的研究，从城市到装饰细节。马丁尼知识的多面性这一特点促使其作品与达·芬奇的思想结合，后者凭借他的论述文章而广为人知，但达·芬奇的建筑作品几乎从未得以最终建成，论文也往往无疾而终。这两位大师相交甚好，达·芬奇收藏了马丁尼的著作，认真研习并且做了细致的注解。

15世纪的建筑理论尝试创造一个规范化的方法，用以表现人文理念和文艺复兴初期以人为万物中心的观点。在这一进程中，对古代建筑语言的重新设计推动了对美学和文化的完整性的探索。然而在这一世纪的末尾，新的政治和社会背景将这一乌托邦式的幻想推向危机，代表着一个完美文明的理想化城市的想法逐渐变得难以达到。

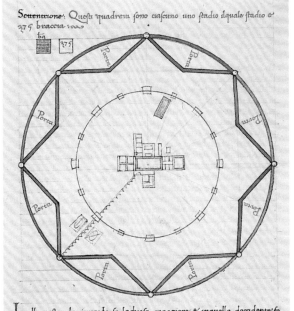

左图
**安东尼奥·阿韦鲁利诺（又称"菲拉雷特"），斯福尔琴达理想城市的平面图，《马利亚贝基亚诺手稿第二卷》第一章第140节第43页，1462—1464年，国家中央博物馆，佛罗伦萨，意大利**

菲拉雷特的建筑论述，著于15世纪60年代初期，先后献给弗朗切斯科·斯福尔扎和皮耶罗·美第奇。在其著作中，建筑师描述了一个平面上呈八角星形的理想城市，名为斯福尔琴达。这个理想城市模型与维特鲁威的几何理论象征性地联系在一起——被规范化设计的城市道路服从于中心环绕型城市规划。

# 文艺复兴时期的建筑空间

　　数学和几何理论推动了透视法的发现，因此带来了 15 世纪初期建筑空间的革新。根据菲拉雷特和传记作者马内蒂的叙述，菲利波·布鲁内莱斯基是革新形象概念的关键人物，布鲁内莱斯基在 15 世纪 20 年代通过两幅绘画作品科学地展示了他的理论。这两幅作品描绘的都是佛罗伦萨城市景色，一幅是从圣母百花大教堂的门口观看的洗礼堂，一幅是领主广场。这两幅图并不是从正面观看的，而是需要从后面通过一个接收图像的小孔来看，观看时还需要在图画前放置一面镜子以起到反射的作用。通过这种方式，垂直于焦点的线得到会聚，被观测物的图像在焦点附近得以变小。

左图

**布拉曼特，用透视法描绘的唱诗台，萨蒂罗的圣玛丽亚教堂，1482年，米兰，意大利**

　　根据史料记载，布拉曼特自 1482 年起，开始参与位于米兰的萨蒂罗的圣玛丽亚教堂的建造活动中。这个长方形大教堂的设计灵感直接来自于布鲁内莱斯基所建的佛罗伦萨圣神大殿，但是由于处在市中心拥挤地段，紧凑的空间导致它无法和圣神大殿等其他具有文艺复兴特色的教堂一样，拥有穹顶之下呈中心分布的广阔室内空间。因此布拉曼特从透视法的角度构建了一个具有迷惑性的方案：对浅浮雕进行了灰泥涂抹并镀金处理，模仿结构的延伸而缩短半圆拱侧面的柱子。

**马萨乔，三位一体，新圣母大殿，透视分析图，1426—1428年，佛罗伦萨，意大利**

马萨乔的壁画成熟地运用了布鲁内莱斯基提出的透视原则。壁画以一个壮丽的历史故事作为背景，在图中，两个科林斯壁柱支撑着一个传统式样的柱顶横檐梁，艺术家为了给画面营造出有纵深感的错觉，而对半圆拱的网格顶进行艺术处理将其变短。画家将此画的订购者画入画中，即那两位跪在地上的虔诚教徒，而画面灭点所在的水平线与这两位教徒的身高线相重合，成为画面的视平线。由此体现出人是主角的主旨。画中的建筑物结构以双色调的形式来着重表现，建构严谨并且细节精致，布鲁内莱斯基有可能也参与了其建造活动。

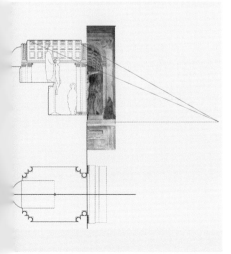

下图
**圣神大殿内部,模数化并且符合比例规范的平面图设计,佛罗伦萨,意大利**

　　圣神大殿的设计通过模数化的平面网格来调控建筑内部的空间尺度和比例。每个柱子之间的距离为11寸(1寸为两臂伸展开来的长度),平面以11寸为一个基本单位进行构建。在此基础上设计出来的教堂洋溢着整体和谐的美感,而如此优雅的建筑体量关系是布鲁内莱斯基遵循维特鲁威所提出的优美原则设计的。

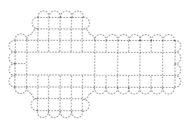
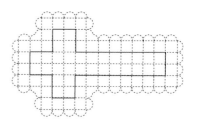

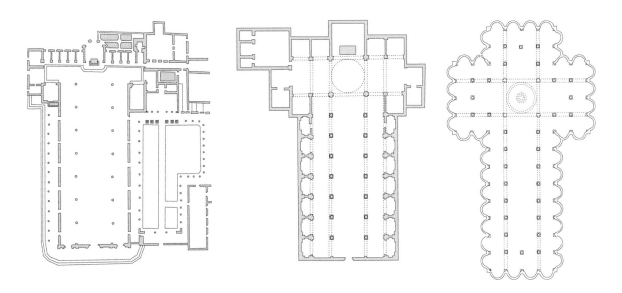

布鲁内莱斯基的这一发现奠定了文艺复兴艺术的基石，深远地改变了场景的表现方式：通过人的双眼作为观测工具，对世界和自然的观察逐渐趋于主观，不再具有凌驾于人类之上的客观性。15世纪，作为文艺复兴人类中心说之根基的透视法则在佛罗伦萨得到迅速而广泛的流传。10年之后，在享有"数学家和透视画家摇篮"美誉的乌尔比诺，进行了一场关于透视法的激烈争辩。皮耶罗·德拉·弗兰切斯卡和卢卡·帕乔利所著的一系列科学论文展现出人文主义者对数学和比例原理的浓厚兴趣，并由此开启了以智慧为主导的艺术新概念。

自15世纪开始，建筑师的构建艺术发生了根本的变化。按照中世纪的惯例，建筑工地的实地进展和设计方案同样重要，而到了文艺复兴时期，这一惯例被打破，建筑的构思开始占据主导地位，引导实际建造工作。文艺复兴时期的建筑师，从几何和比例规则中汲取灵感，通过设计来探究构造形态和种类的所有可能性。维特鲁威的研究和古罗马建筑所体现出的数学和比例理论孕育了文艺复兴时期的建筑空间概念。数学成为构建新建筑语言的科学工具。建筑平面、剖面和立面的设计基于简朴纯粹的规则，体块通过模数化复制的方式得到设计，并遵循着轴对称的原则。这一以布鲁内莱斯基为先驱的构造设计方法，催生了集中型建筑空间，诸如长方体、正方体、圆柱、半球体的这些几何立体元素构成建筑体块的基本造型，并且建筑物通过穹顶得以自然地闭合。15世纪建筑形态的革命式发展，促使下一世纪多中心、多对称轴的复杂结构得到实现。

上图

**圣十字教堂平面图（左），圣洛伦佐教堂平面图（中），圣神大殿平面图（右），布鲁内莱斯基原设计方案，佛罗伦萨，意大利**

13世纪传统的修道院一般由一个中殿、一个十字形耳堂、一个唱诗台构成，布鲁内莱斯基在此基础上进行加工设计，赋予文艺复兴的式样。他在圣洛伦佐教堂进行初次尝试，之后在圣神大殿设计出了完美的最终形态。中世纪建筑随意的尺度和不和谐的比例使布鲁内莱斯基的设计脱颖而出。密切遵循着人文主义原则，布鲁内莱斯基设计穹顶的同时，也创造了一个沿中轴线完美对称的中心空间。为了强调这一设计特点，建筑师在圣神大殿的原方案中，设想在入口一侧建造一系列连续的半圆形小礼拜堂，然后可惜最终并未实现。

# 布鲁内莱斯基及其开创的伟大时代

1347 年，一场瘟疫席卷了整个托斯卡纳大区，直到 15 世纪佛罗伦萨逐渐开始获得经济和社会的复苏。商人和银行家成为富有权势的新兴领导阶层，引导了城市资金的流向，推动着经济的蓬勃发展，他们委托建筑师们建造的府邸改变了佛罗伦萨的城市面容。

以马萨乔、贝亚托·安杰利科、多那太罗为代表的杰出艺术家们酝酿着一场文化的发酵，他们通过缔造新艺术以及塑造艺术家新的形象，推动着文化的转型。被誉为文艺复兴时期建筑革新奠基人的布鲁内莱斯基在此文化背景下展开了一系列建筑活动，从古代建筑句法中汲取灵感，组织成新的建筑语言。1402—1404 年，布鲁内莱斯基和多那太罗前往罗马朝拜古建遗迹并对其进行研究，这一经历促使布鲁内莱斯基形成他自己的建筑观。在他的建筑理念中，对和谐比例的追求以及对古典细节的考究不久之后成为文艺复兴时期建筑的准则。这位佛罗伦萨建筑师卒于 1446 年，其职业生涯中创造出的建筑作品成为后人学习和仿效的模型，为 15—16 世纪建筑的发展构建了良好的开端。

下图

**菲利波·布鲁内莱斯基，育婴院，1419 年，佛罗伦萨，意大利**

这所公共机构应市政当局的要求而建立，用以接纳孤儿。这是根据人文主义原则建立的第一座建筑。这所育婴院沿着入口所在的轴线对称分布。建筑平面和立面的尺度都建立在比例和谐的基础之上。外部拱廊由 9 个半圆拱顶组成，每个半圆拱的长度、深度和高度都是基于正方形模度构造而成。一条连续的柱顶横檐梁分隔了拱廊和窗户所在的平面。在这座育婴院中，布鲁内莱斯基首次运用古典样式作为规范化工具，将其作为建筑有机体的基本单位，设计出富有韵律的几何与空间关系，构成一个和谐统一的整体。

左图

**菲利波·布鲁内莱斯基,圣洛伦佐教堂的旧圣器收藏室,1422年,佛罗伦萨,意大利**

这间用来埋葬乔瓦尼·德·美第奇的房间以帕多瓦洗礼堂作为原型,这座负有盛名的洗礼堂的历史可以追溯到13世纪。这座颇具特色的圣器收藏室连接着一大一小两个立方体空间,分别被覆以一个半圆形穹顶。建筑师对这一体块组合的选择与其功能相关,出于纯粹的象征意义:正方体代表着人间现实世界,穹顶的半球体代表着迎接逝者的天堂。在这个具有古代陵墓气质的房间中,高耸的壁柱从几何学角度分割着四周的墙壁,使其洋溢着抑扬顿挫的和谐韵律。布鲁内莱斯基通过利用透视法则和协调空间比例,赋予了这个建筑作品一个崭新的形象。

上图

**菲利波·布鲁内莱斯基,帕齐礼拜堂,圣十字教堂,1424年,佛罗伦萨,意大利**

帕齐礼拜堂是布鲁内莱斯基继旧圣器收藏室之后的又一力作,体现了建筑师构建思想的延续,引领着空间的演变和发展。该项目受到安德烈亚·德·帕齐的资助,在修道院内一个有限的空间中得到建造,旨在为修士在圣十字教堂生活开启新的篇章。和美第奇家族的小礼拜堂类似,在帕齐礼拜堂的设计中,建筑师依然使用覆以圆屋顶的两个空间进行建筑体块的对比,不过在这个案例中稍有不同的是,两个体块中较大的那个从正方体被扩张成长方体,具有花格顶的半圆拱依附于其两侧,支撑着四个拱的壁柱,带来空间的纵深感。尽管此礼拜堂的方案比圣洛伦佐教堂的旧圣器收藏室更加复杂,但是前者的设计来源于后者,并且都遵循空间的和谐原则,所以二者的相关性显而易见。

# 佛罗伦萨圣母百花大教堂穹顶

1418年羊毛行会——佛罗伦萨主教堂建造社的负责者——针对尚未建成的巨大穹顶举行了一项竞赛。

由阿诺尔福设计的主教堂在经历弗朗切斯科·塔伦蒂1360年的初次修改扩建之后，于14世纪末经乔瓦尼·迪·拉波·吉尼之手进行了第二次改建，而在这次改建活动中，这位建筑师在教堂中殿之上13米处建造了支撑穹顶的八边形鼓形柱，由此建成的空间十分庞大，达到了41米的直径，逼近了用砌墙法建造此类穹顶的最大限度。

解决这一问题的方法由菲利波·布鲁内莱斯基提出，具体施工在1420年8月7日展开，作为工地的负责人的布鲁内莱斯基提出一种能够承重自身重量，并避免使用木质骨架的方法，不过由于穹顶尺寸过于庞大，也带来了造价昂贵并且可能无法实现等问题。建筑师的这一设计方案有着哥特式外形和扇形的肋拱，同时也如同万神殿一般，拥有着与一个封闭圆环相叠合的半球体圆拱。巨大的科技问题在文艺复兴全新的工地系统中得到完美解决；布鲁内莱斯基不再是一个匿名的建造者，他以工匠建筑师的身份被世人重新认识，参与到设计构造的每一个步骤当中，从初期设计到模型建造，乃至项目的实际建造，尽心尽力，亲力亲为。穹顶的建成被认为是当时非同凡响的一件壮举，从此改变了佛罗伦萨的市容面貌。对于慕名而来的参观者而言，沿着14世纪的中殿漫步向前，最终到达位于中心空间的讲道坛时，无不惊叹于它的明亮与宏伟。

**菲利波·布鲁内莱斯基，圣母百花大教堂穹顶，1420—1436年，佛罗伦萨，意大利**

8个大理石肋拱环绕在穹顶的外部，并在顶部相交，组成八边形。大理石的白和砖瓦的红交织在一起，相互映衬，构成鲜明的对比，即使从远方眺望佛罗伦萨，也十分明显。布鲁内莱斯基造的这一庞然大物从城市风景线中脱颖而出，深远改变了城市的景观。如果从城市周边的小山丘登高远望，这一穹顶无疑会成为瞩目的焦点。莱昂·巴蒂斯塔·阿尔贝蒂向布鲁内莱斯基表达了对这一永恒城市文明的赞赏与钦叹，1436年他发表了《论绘画》，在书中将圣母百花大教堂穹顶形容为"荫庇广大托斯卡纳人民的杰出作品"。

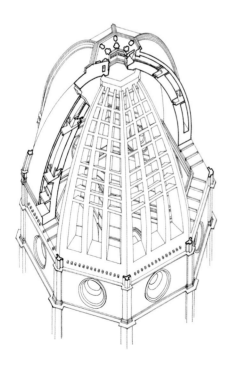

**左图**

**圣母百花大教堂穹顶结构，佛罗伦萨，意大利**

圣母百花大教堂实际上是由两个顶壳组成：起支撑作用的沉重内部顶壳和外部轻巧的顶壳。布鲁内莱斯基1420年在一次叙述中提出穹顶宏伟壮丽的奥秘在于其外部顶壳的防潮作用。为了获得一个轻巧的结构，穹顶外部八边形的砖墙被设计排列成鱼刺形，因此墙体重力在向下传递的过程中，被逐步分散到各个方向。在建筑工地施工过程中遇到的问题因为建筑师在设计时就已经提前预料到，所以大都得到妥善解决。由于穹顶的位置过高，将建材运输上去十分艰难，因此布鲁内莱斯基从工程学的角度发明了一些机器，用以抬升重物，省时省力而且节约了项目的开支。

# 佛罗伦萨城市建筑

以商人和银行家为代表的新兴世俗阶级逐渐登上政治舞台，引领了一场以佛罗伦萨为代表的意大利城市革新运动。新型住宅带来的舒适性以及其象征的社会地位吸引着新阶级进行投资，由此催生了新的居住模式。在此模式下，古典建筑模式得到重新挖掘，建筑的理性也同时回归。维特鲁威的论文直接引导了佛罗伦萨城市新建筑的设计规则，与此同时，在他描述下的古代住宅成为文艺复兴住宅建筑的典型模板。自15世纪开始直到帕拉第奥时期，对称的平面布局、沿着庭院分布的拱廊、富有古典样式的规范建筑立面成为黄金比例规则下的建筑特征。布鲁内莱斯基将维特鲁威的样式规则发扬光大，运用到住宅建筑上，1435年建造的归尔甫派宫外墙上巨大的壁柱就是典型的一例。同年，布鲁内莱斯基向科西莫·德·美第奇提出了位于圣洛伦佐边上的一个府邸的设计方案，但由于太过奢华而未被采纳，最终该府邸按照米凯洛佐的方案施工完成。

29页图

**莱昂·巴蒂斯塔·阿尔贝蒂，鲁切拉伊府邸建筑立面细节图，1453年，佛罗伦萨，意大利**

乔瓦尼·鲁切拉伊的府邸是集大成之作，以新建的庭院为中心进行重新改造，房屋的石质正面正对着一个广场和一个为鲁切拉伊奥家族服务的敞廊。约1453年，莱昂·巴蒂斯塔·阿尔贝蒂用一种完全不同于内部空间的构建思路对建筑的立面进行设计。建筑立面被分为三层，分别被线脚标记分割，每层的高度由下至上逐层降低，这一特色来源于早几年建成的美第奇府邸。在建筑平面的设计上，鲁切拉伊府邸也可以说是美第奇府邸的缩略版。而这座阿尔贝蒂的建筑作品的新颖之处，在于其立面使用了古典建筑格式，利用叠合着多种样式的壁柱来划分窗户之间的横向空间。这一构建想法革新了居住的模式，灵感直接取自古罗马建筑。在这一案例中，阿尔贝蒂准确引用了古罗马斗兽场的建筑细节，如柱顶盘的中楣、支撑着柱顶盘的托架以及陶立克式样的三槽板。

左图

**米开罗佐，美第奇里卡尔迪宫，1444年，佛罗伦萨，意大利**

坐落在拉尔加路上的这座宏伟宫殿由美第奇家族御用建筑师米开罗佐主持设计，建造工程始于1444年。从外观上看，建筑外观具有佛罗伦萨中世纪堡垒建筑的传统特色，与如同旧宫的14世纪建筑相仿，底层的外墙墙面使用粗糙的砌琢石给建筑营造出粗犷威严之感，然而建筑体块在上层逐渐趋于轻缓，并最终以一个带有古典托饰的宏伟上楣作为结束。在零碎的城市布局下，这座充满着秩序与规范的建筑显得格外耀眼。

# 莱昂·巴蒂斯塔·阿尔贝蒂

　　1404 年生于热那亚的莱昂·巴蒂斯塔·阿尔贝蒂来自于一个被佛罗伦萨驱逐出境的家庭，直到 1428 年，他的家族禁令撤销之后他才得以回到家乡。他在艺术等方面产生了深远而广泛的影响，在当时无人能与之比肩。他曾经在博洛尼亚研习经典法律学，同时也是文学家、哲学家、艺术理论家和建筑师，可谓一位通才。正是这种将知识在不同学科之间交流和对照的才能，为他之后所著的杰出论述奠定了坚实基础。他知识的广泛性和多面性在他的《论雕塑》和《论绘画》两本书中得以体现，这两本书一起被收录进《论家庭》一书中，并最终孕育出《论建筑》这本被赞颂为人文主义宣言的杰出作品。在深厚文化底蕴和多样化经验的熏陶下，阿尔贝蒂将文艺复兴人文主义智慧转化为实体的建筑物，体现在多个意大利城市中，在各个方面开花结果。他以一个传教者的身份在各地开展关于宗教的建筑活动，由此建立起的威望甚至得到了教皇的瞩目。1450 年在里米尼，阿尔贝蒂对西吉斯蒙多·马拉泰斯塔时期的一座教堂进行了翻新。在此之后的一年，由教皇尼古拉五世发起了一场野心勃勃的罗马城市复兴计划，阿尔贝蒂也参与其中，并在 1452 年向教皇递交了一份论文陈述他的思想理念。在 15 世纪五六十年代阿尔贝蒂应乔瓦尼·鲁切拉伊之邀，在佛罗伦萨展开了一系列建筑设计活动。1460—1472 年，这位建筑师一直在为曼托瓦的统治者卢多维科·贡萨加服务，直到逝世。

**左图**

**莱昂·巴蒂斯塔·阿尔贝蒂，圣赛巴斯蒂亚诺教堂，1460年，曼托瓦，意大利**

　　曼托瓦的这座圣赛巴斯蒂亚诺教堂始建于 1460 年，平面上呈希腊十字布局，沿中心构建，在文艺复兴时期具有创始意义，之后从朱利亚诺·达·圣加洛在普拉托所建的圣母玛丽亚·德莱·卡尔切里教堂开始，被建筑界的同行们多次学习、仿效。圣赛巴斯蒂亚诺教堂中，位于两侧的大厅覆有半圆拱形部分，建筑师原计划用一个穹顶覆盖这两个大厅，不过最终未能实现。在教堂外部，两排楼梯将参观者引至一个具有古代神殿特色的加高平台。在教堂的外立面的顶部，阿尔贝蒂设计了一个山墙饰三角面以向古罗马时期的奥朗日凯旋门致敬。

上图

**莱昂·巴蒂斯塔·阿尔贝蒂, 圣弗朗切斯科教堂, 1450年, 里米尼, 意大利**

右图

**马泰奥·德·帕斯蒂, 描绘阿尔贝蒂建筑项目的纪念币**

里米尼的圣弗朗切斯科教堂从14世纪初就埋葬着里米尼的领主们, 但是在西吉斯蒙多·潘多尔福·马拉泰斯塔实施了旧教堂的改建计划之后, 它才变成一个真正能够显示出所属家族显赫与名望的家族纪念堂。

1450年, 莱昂·巴蒂斯塔·阿尔贝蒂在教堂外侧连续的基底上搭建了用一系列

以易斯特拉石为原料, 风格起源于古罗马纪念碑的拱形。修复了之前建筑表面的图案, 使其更加清晰。

马泰奥·德·帕斯蒂制造的纪念币上展示的图像就是该项目最初的原型。下面三个较低的拱形部分, 具有仿照西吉斯蒙多罗马凯旋门形式的明显痕迹, 并且严格参照了里米尼奥古斯都拱的形式。原计划在旁侧的两个边拱内建造一个古老的陵墓以埋葬马拉泰斯塔和他妻子伊索塔, 与此同时, 纪念币中位于十字形耳堂中心的穹顶也在计划之内。然而可惜的是, 这一计划最终未能得以实施。

左图

**莱昂·巴蒂斯塔·阿尔贝蒂，新圣母大殿，1458—1460年，佛罗伦萨，意大利**

阿尔贝蒂的建筑类型学研究在马拉泰斯蒂阿诺教堂的设计建造中得到初次实践性运用后，他将其再次推广到新圣母大殿的设计中。教堂外立面底层的中世纪式样装饰在阿尔贝蒂参与设计之前就已经存在，但他并没有将其推翻，而是选择将其运用到他具有古典特色的新设计当中。正门周围一系列的拱与立面两角高耸的柱子形成对比，柱子顶部架着的顶座解决了里米尼遗留下来的不协调问题，将小尺寸的中世纪装饰巧妙地过渡到柱顶座上层，最终使教堂拥有古代神殿的姿态和神韵。两个色彩协调的巨型涡卷形装饰连接着教堂正立面的上下两部分平面，而整体来看，正立面内切于一个正方形。

上图

**莱昂·巴蒂斯塔·阿尔贝蒂，鲁切拉伊祭台，圣潘克拉齐奥教堂，佛罗伦萨，意大利**

在15世纪60年代，乔瓦尼·鲁切拉伊委托阿尔贝蒂在维纳路上的圣潘克拉齐奥教堂建造一个小型祭台，为自己将来的陵墓服务。15世纪，耶稣圣墓的形象广为流传，鲁切拉伊也想要建造一个形如耶稣圣墓的陵墓。于是阿尔贝蒂参考布鲁内莱斯基刚刚完工的帕齐礼拜堂，使用了简洁的色彩和朴实的装饰。而在这对面，有一个嵌有大理石的小陵墓，带有螺旋小穹顶的灯笼式天窗，装饰十分考究。这两座小陵墓的碑文都用拉丁文书写，灵感取自古代的模板。

# 杰出作品
## 曼托瓦的圣安德烈亚教堂

1459 年 5 月—1460 年 1 月，曼托瓦的统治者卢多维科·贡萨加在这座伦巴第大区的城市接待了教皇皮奥二世，为其主持召开的主教会议提供场地。在此机遇下，莱昂·巴蒂斯塔·阿尔贝蒂陪伴着教皇来到曼托瓦，得到了亲近贡萨加家族的机会，为之后主持建造圣赛巴斯蒂亚诺教堂和圣安德烈亚教堂提供了契机。

圣赛巴斯蒂亚诺教堂是位于曼托瓦市中心的本笃会教堂。卢多维科想要重新修整这个历史悠久的教堂，通过一个更现代化的外形来赋予城市生机和活力。

安东尼奥·马内蒂在 1469 年就曾提出一项设计方案，不过最后被搁置，而阿尔贝蒂的方案得到采纳。该教堂保存有宗教圣物——圣血，阿尔贝蒂和委托人卢多维科之间往来的书信透露出委托人想建造一个中殿没有视觉障碍的宽敞教堂，以此保证参观者的注意力能够没有阻隔地集中在圣血上。

不过卢多维科这一充满野心的意愿并没有能够立刻得到实现，因为该教堂的神父明确表示反对将原中世纪教堂摧毁以让步于新方案。然而这位神父于 1470 年去世，1472 年该教堂成为一个非主教教堂，并被纳入红衣主教弗朗切斯科·贡萨加的精神领导范围。在此之后的不久这座教堂如卢多维科之愿被拆除，为新教堂腾出了空间。不过不幸的是，同年春天莱昂·巴蒂斯塔·阿尔贝蒂也告别人世，最后由卢卡·凡切利完成了新教堂的设计。虽然最终的方案在部分地方对原始方案进行了修改，但是圣安德烈亚教堂还是留存有文艺复兴建筑的基础特点，体现着阿尔贝蒂对古罗马建筑的反思和借鉴。

34页图

**莱昂·巴蒂斯塔·阿尔贝蒂，圣安德烈亚教堂，1472年，曼托瓦，意大利**

圣安德烈亚教堂的宏伟中殿覆有一个半圆拱，中殿的尽头是一个具有穹顶的十字形耳堂，参照了集中式巴西利卡长方形教堂的模型。建筑外立面的形象具有典型阿尔贝蒂设计风格。如同马拉泰斯蒂阿诺教堂和新圣母大殿一样，这位建筑师将古代凯旋门和神殿这两种古典系统渗透、融合为一体。在圣安德烈亚教堂的外立面的设计中，阿尔贝蒂参考了安科纳的特拉亚诺古罗马拱门以及罗马的蒂托拱门。在狭长且高耸的拱门的上方，柱顶横檐梁从拱门顶端延长至立面的两侧。高高矗立的四个壁柱支撑着厚重的古典三角墙，维持着整个体系的和谐。阿尔贝蒂在时代的浪潮中起到了承前启后的作用，他的概括总结为之后建筑的体系化发展奠定了基础，使一个世纪之后帕拉第奥最终风格的确立成为可能。

上图和右下图

**莱昂·巴蒂斯塔·阿尔贝蒂，圣安德烈亚教堂中殿及其平面图，1472年，曼托瓦，意大利**

庄严雄伟的圣安德烈亚中殿覆有花格顶半圆拱，从美学的角度来看颇具古风。中殿两侧间隔式分布着开放式和封闭式的一系列小礼拜堂：宽敞的开放式礼拜堂是半圆拱形屋顶；较狭小的封闭式礼拜堂内部则呈现出洞穴般的模样，顶部具有扶壁。两侧礼拜堂的空间以拱的形式纵深延续，引导着墙面的开窗。礼拜堂面向中殿的一面立有一系列壁柱，封闭式礼拜堂两侧的壁柱高度比其他部分的壁柱要高一些，营造出古典正门的形象，并且在正门之上建有眼状圆形开口的窗户。宏伟的半圆拱中殿屋顶联合着两侧基于巨大柱子的一系列礼拜堂营造出前所未有的古罗马建筑庄严之美。阿尔贝蒂借鉴了马森奇奥大教堂的宏伟结构，并在他写给卢多维科的一封信中，指出伊特鲁里亚时期的神殿是这座文艺复兴时期教堂形象的最佳参考。

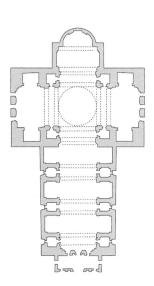

# 米兰建筑革新

15 世纪中叶米兰的建筑活动依然具有中世纪的色彩，索拉里家族流传下来的传统建造技术和手法在整个伦巴第大区具有重要意义，占据着当时建造业的统治地位。1450 年，著名的军队指挥官和精明能干的政治家弗朗切斯科·斯福尔扎迎娶了菲利波·马里亚·维斯孔蒂的女儿，地位和权势随之攀高，开启了米兰一段经济繁荣昌盛的和平年代。在他的要求下，米兰城市涌现出新的民用建筑和宗教建筑。他通过与美第奇家族的经济、外交联盟，将原本较为闭塞的米兰推向了在意大利中部兴起的艺术革新。1456 年，斯福尔扎邀请佛罗伦萨建筑师菲拉雷特建造米兰城堡的外立面，与此同时，也委托其设计了一家新的医院。1460—1464 年，菲拉雷特完成了一篇建筑论述，并将其献给米兰的统治者，1465 年他回到佛罗伦萨之后，将这篇论述又献给了皮耶罗·德·美第奇。在这篇论述作品中，菲拉雷特描述了一座名为斯福尔琴达的假想城市，并用插图的形式将幻想中和理想中的建筑都表现了出来。弗朗切斯科·斯福尔扎和佛罗伦萨的渊源还可以追溯到美第奇家族在米兰的财政代表皮杰罗·波尔蒂纳里所购置的两座建筑——美第奇银行（此银行在菲拉雷特的建筑论述中被临摹）和礼拜堂，不过如今只有银行的大门和波尔蒂纳里礼拜堂被保留下来。1468 年随着波尔蒂纳里的下葬，礼拜堂成为这位银行家在圣欧斯托希奥教堂的陵墓。

**37页上图**
**菲拉雷特，马焦雷医院，1456年，米兰，意大利**

米兰的这所马焦雷医院在菲拉雷特的论述中得到详细描述。建筑的平面呈完美对称的形式，两条十字形交叉甬道分割出 8 个正方形庭院。在这个建筑整体的平面中心，设有一个长方体空间用以安置教堂和墓地。在医院被建成之前，菲拉雷特或许是因为与建筑工人的冲突而放弃了此项工作，但是这个以甬道为特色的建筑之后有幸成为整个欧洲学习和模仿的典范。

**37页下图**
**米兰马焦雷医院平面图，《马利亚贝基诺手稿》第82页，国家中央图书馆，佛罗伦萨，意大利**

**左图**
**菲拉雷特，波尔蒂纳里礼拜堂，圣欧斯托希奥教堂，1462年，米兰，意大利**

1462 年，在美第奇银行米兰办事处的代表人皮杰罗·波尔蒂纳里的委托下，菲拉雷特设计了这一小型空间。这座灵感来源于佛罗伦萨的旧圣器收藏室的礼拜堂，因作为美第奇家族的陵墓而负有盛名。菲拉雷特将布鲁内莱斯基的设计风格与伦巴第大区传统建筑语言结合在一起，建造了一个高耸的十六边形圆顶，并赋予陶土装饰，特色鲜明。

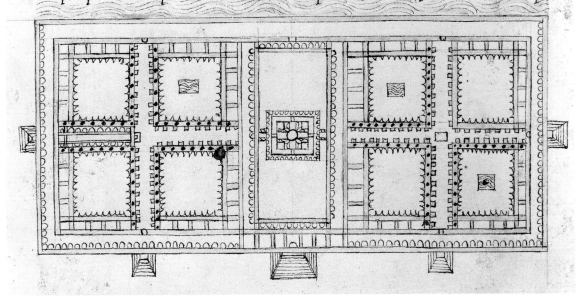

cisiquo atacchare & ancora laporta delmezzo alentrata delchiostro:
a lachiesa feci una porta dimarmo laquale iluomo suo era tra aque

# 理想城市

14 世纪前叶，佛罗伦萨出现了修正建筑传统准则的现象。14 世纪后叶，该现象从它最初发展起来的区域逐渐扩散到意大利半岛的其他各地。

作为艺术资助者的意大利王室在决心促进文明的动机下，号召了大批的艺术家进行合作，对建筑形式和建造技术的核心进行了革新。在这批资助者中，有乌尔比诺的费代里科·达·曼特费尔特罗、里米尼的潘多尔福·马拉泰斯塔、费拉拉的埃斯特家族和曼托瓦的贡萨加家族。说到建筑及艺术项目的投资者，不能不提的还有 1434—1494 年一直统治佛罗伦萨的美第奇家族。在规则化和模块化的设计趋势下，很快涌现出一批具有文艺复兴特性的建筑，与此同时，城市中也开始出现规则排列的网格道路和开阔的广场。莱昂·巴蒂斯塔·阿尔贝蒂根据《论建筑》里阐述的应用原则，并且遵循古典城市模板的形态，提出了理想城市的方案，由此形成了文艺复兴时期最初的美学理念。精确的几何透视和严谨的功能分布引导着如皮恩扎这类文艺复兴城市的设计，在保留着先前建筑群的同时，在中世纪的城市纹理中和谐地加入新的建筑。

39页上图

**弗朗切斯科·迪·乔治·马丁尼，与人类形象相叠合的古堡平面图，皇家图书馆，都灵，意大利**

文艺复兴时期的建筑师们赞同来源于维特鲁威的拟人理论以及理想城市的论说。正如人们从弗朗切斯科·迪·乔治·马丁尼的设计稿中看到的那样，人的形状构成了一个完美的城堡轮廓，城堡与人形状相叠合的头部位置建造着防御堡垒。城楼位于人体的四肢的末端，与人类胸部相对应的广场朝向位于城市心脏位置的教堂。

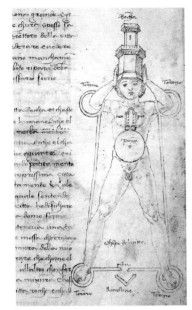

下图

**意大利中部的艺术家,《理想城市》, 15世纪后半叶,马儿凯国家美术馆,乌尔比诺,意大利**

文艺复兴对城市主题的兴起在三幅描绘城市风景的画中得以体现,这三幅木版画分别保存在巴尔的摩、柏林和乌尔比诺,工匠们通过一种源自乌尔比诺的特殊工艺将它们镶嵌在家具或者墙上。在乌尔比诺的那张插画里,两侧古典的房屋围合出一个广场,而在广场的中央竖立着一个环有圆柱的庙宇。图中房屋的外形似乎准确地引用了阿尔贝蒂的建筑语言,广场的样式也符合阿尔贝蒂《论建筑》中对理想城市和完美庙宇的形容。因此很多学者都推测这幅绘画作品就是出自莱昂·巴蒂斯塔·阿尔贝蒂之手。最近发现的一个阿尔贝蒂设计的建筑方案和这幅画完全相符,并且严格遵照着画中所示的建筑颜色。这更加证实了人们的推测。

# 杰出作品
## 皮恩扎

1459 年，教皇皮奥二世皮科洛米尼前往曼托瓦召开主教会议，在这次旅途中，教皇顺路前往奥尔恰山谷，拜访了他的出生地——位于山脊地带的中世纪小镇科尔西阿诺。在此之前，教皇就决定要将这座小镇转型为一个具有纪念意义的城市，并将其改名为皮恩扎用以献给他的家族。极具影响力的皮科洛米尼家族显赫一时，在锡耶纳拥有多处尊贵房产，政治和经济地位十分巩固。皮奥二世与皮奥·埃内亚同名，以向古罗马诗人维吉尔致敬，这位教皇是一位博学多闻的人文主义者，热衷于古典文学和古罗马历史遗迹，与此同时，他也是一位雄心壮志的文学艺术事业资助者。传言，在教皇前往曼托瓦的旅途中，莱昂·巴蒂斯塔·阿尔贝蒂也跟随前往，并向教皇宣传了自己城市规划的大致理念。最终，来自佛罗伦萨的建筑师贝尔纳多·罗塞利诺被选中实施此方案，此时这位建筑师处于职业生涯的巅峰，在不久之前的 1461 年刚被任命为圣母百花大教堂的施工组长。

罗塞利诺的建造活动在小城的市中心展开，面向山谷建造了一个梯形广场，广场上建有教堂、皮科洛米尼宫、博尔贾宫、公共宫。1462 年，小镇正式改名为皮恩扎，成为文艺复兴时期第一个得以实际建造的乌托邦式理想城市。皮奥教皇曾在奥地利见过一个教堂，并视其为典范，皮恩扎的新教堂就是以它为原型构造，并且两者内部三个中殿的高度完全一致。新教堂背朝山谷，成为广场与山谷之间的屏障，同时也构成了广场的背景。梯形广场两斜边上的房子也参与到广场的整体构建中，将观者的视线由广场引向奥尔恰山上的绿植。

左下图
**皮恩扎广场，锡耶纳，意大利**

阿尔贝蒂的设计准则除了体现在教堂中心隔离的体块布局上，也表现在教堂凯旋门样式的外立面上。位于教堂体侧的皮科洛米尼宫具有当时佛罗伦萨文艺复兴建筑的特色，比如位于其内部带有拱廊的中心庭院，以及其高贵而古典的外立面。宫殿的外立面与莱昂·巴蒂斯塔·阿尔贝蒂几年之前建造的鲁切拉伊奥府邸外立面十分相似，古典样式和开窗相互叠合，一同塑造出外立面独特的神采。由此可见阿尔贝蒂的建筑作品是罗塞利诺设计的参考和出发点。

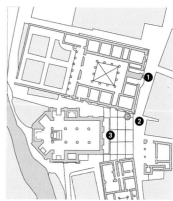

上图
**皮恩扎广场的总体平面图，锡耶纳，意大利**

教堂③面朝广场，其右边为皮科洛米尼宫①。在宫殿边上有一口雅致的井②。

# 乌尔比诺总督宫

1443 年，乌尔比诺的军队指挥官圭达安东尼奥·达·曼特费尔特罗逝世后，他的合法继承人奥德安东尼奥也在不久之后离世，其子费代里科随之继位，并在几年之内成为一名举足轻重的文艺复兴艺术事业资助者。在费代里科 1444—1482 年漫长的在位期间，乌尔比诺经历了一代又一代艺术家的更替，其中就有曾经向费代里科·达·曼特费尔特罗贡献了《论建筑》的莱昂·巴蒂斯塔·阿尔贝蒂。在一项颇具野心的计划中，诸如劳拉纳、弗朗切斯科·迪·乔治、巴乔·蓬泰利、朱利亚诺·达·马亚诺等建筑师和皮耶罗·德拉·弗兰切斯卡、彼得罗·贝鲁格特、朱斯托·迪·冈和梅洛佐·达·福尔利等画家都曾经参与到重新规划城市和修建费代里科宫的工作中。在这场席卷全国的浓郁文化氛围中，布拉曼特接受了弗拉·卡尔内瓦莱和皮耶罗·德拉·弗兰切斯卡关于透视绘画的教育。费代里科公爵作为这场文化运动的推动者和组织者，挖掘并支持了众多人才，而博学多才的人文主义者及建筑业余爱好者维托里诺·达·戴尔特雷作为公爵的导师，可以说对这场运动做出了潜移默化的贡献。

总督宫的建造始于 15 世纪 60 年代初的图纸设计，并在 1466 年由达尔马提亚的卢恰诺·劳拉纳在曼托瓦完成了建筑模型。两年之后，这位建筑师获得了公爵的许可，被任命为总督宫建筑工地的总负责人。然而瓦萨里在他的《艺苑名人传》一书中将总督宫的建设功劳归于弗朗切斯科·迪·乔治·马丁尼，而不是卢恰诺。

上图
**卢恰诺·劳拉纳，托里奇尼敞廊，总督宫，15世纪60年代，乌尔比诺，意大利**

在卢恰诺·劳拉纳对总督宫的设计中，最具特色的要数带有敞廊的"托里奇尼"外立面，据推测，其灵感来源于那不勒斯新堡的拱门。敞廊上的古典圆柱和壁柱带有精致考究的柱头，支撑着上方带有花格顶的半圆拱形。敞廊向内连通整个宫殿最为私密的房间——总督卧室及其书房，墙面嵌有木质装饰的这两个房间可以说是光辉璀璨的杰出作品。

# 弗朗切斯科·迪·乔治·马丁尼

弗朗切斯科·迪·乔治·马丁尼 1439 年生于锡耶纳，具有绘画、雕塑、建筑和工程等多方面才能。1476 年被邀请到乌尔比诺进行了一系列的建筑活动，如总督宫的建造、乌尔比诺大教堂的改造、圣贝尔纳迪诺教堂和圣姬娅拉教堂的建造。费代里科·达·曼特费尔特罗组织的艺术家和建筑师团体在乌尔比诺营造出的浓厚且前卫的文化氛围对弗朗切斯科·迪·乔治·马丁尼这位来自锡耶纳的艺术家产生了深远影响，促使其在 15 世纪 80 年代初期起草编写了《关于民用建筑和军事建筑的论述》。这篇论文中最精彩的一部分是作者对建筑类型和建筑拟人理论的深刻思考，这位建筑师在古建筑理论方面的深厚功底跃然纸上。因其成熟的工程学才能使他在 1490 年获得了建造米兰大教堂顶部结构的资格。在米兰，弗朗切斯科·迪·乔治·马丁尼结识了达·芬奇，二人分享、交流了广泛的共同兴趣，并一同前往帕维亚学习研究正在建造的帕维亚主教堂。马丁尼居住在伦巴第大区期间所拜访的帕维亚主教堂以及与之临近的切尔托萨修道院对他产生极大的影响，使他在论文中对类型学决疑法做出了许多不同版本的描述。

下图

**弗朗切斯科·迪·乔治·马丁尼，卡尔奇纳伊奥的圣玛丽亚感恩教堂，1485 年，科尔托纳，阿雷佐，意大利**

这座教堂位于科尔托纳城门之外，是当地居民用来感谢圣母所创的奇迹而建，因此具有纯粹的市民意义。教堂在平面上呈拉丁十字构造，内部空间较为简化，宽敞的中殿两侧依附着半圆形的小礼拜堂，教堂的中心部分因为开有穹顶而显得明亮又神圣。内部空间深色的框架和饰带以及规则的整体造型赋予建筑色彩和形态的连贯性。在这位来自锡耶纳的建筑师手下，教堂的画面颇具抽象感。

**皮耶罗·德拉·弗兰切斯卡,《神圣对话》,1469—1472年,布雷拉画廊,米兰,意大利**

**弗朗切斯科·迪·乔治·马丁尼,圣贝尔纳迪诺教堂,1482年之后,乌尔比诺,意大利**

　　1482年费代里科公爵逝世后不久,作为其私人陵墓的圣贝尔纳迪诺教堂开始建造。教堂内部带有半圆拱的中殿十分简洁,在其尽头有一个附带着三个后殿的正方形空间,在这个正方形的四个角落分别立有圆柱,极具古代陵墓的特色。在教堂的体块系统中,起于半圆拱,终于壁龛的透视轴被强调表现出来,而这一特色在为费代里科公爵建造的许多建筑作品中都有体现:如位于总督宫内部的佩尔多诺小礼拜堂,甚至《神圣对话》这部绘画作品里出现的教堂也有这一特色。原本保存在圣贝尔纳迪诺教堂内部的这幅画出自皮耶罗·德拉·弗兰切斯卡之手,绘于1469—1472年。在画中,费代里科公爵跪在教堂的地上,而这座具有集中式特色的古典教堂与弗朗切斯科·迪·乔治·马丁尼所建的圣贝尔纳迪诺教堂十分相似。

# 文艺复兴时期的军事建筑

15世纪，火器的发明使得战争的方式发生了巨大的变化。高耸且细薄的中世纪城墙逐渐退出历史舞台，取而代之的是由多边形体块构成的低矮但厚实的倾斜城墙，足以抵御强力的打击。这种城墙满足了应对火炮攻击的防御需求，推动了文艺复兴时期新型堡垒的发展。这一时期的堡垒平面一般呈星形，在其五个角上分别立有圆形或三角形的防御塔。在弗朗切斯科·迪·乔治·马丁尼的论文中，大量的堡垒方案以图解的形式出现，体现出作者身兼建筑师和工程师的深厚功底，同时也成为15世纪军事科技最形象的证明。除此之外，弗朗切斯科·迪·乔治·马丁尼充满实验性和实际性的军事理论也是典型的文艺复兴时期人文主义精神的产物，科学技术和建筑拟人论的原则共同引导着城市和堡垒外形的构成。基于弗朗切斯科·迪·乔治的这些理论和反思，诞生了为费代里科·达·曼特费尔特罗和其女婿乔瓦尼·德拉·罗韦雷而创作的一系列堡垒建筑，如蒙达维奥、圣莱奥、卡利和萨索科尔瓦罗堡垒。

弗朗切斯科·迪·乔治·马丁尼设计的堡垒并不是依照传统建造地理位置的关键地带，而是直接建立在城市内部，占据统治地位，与城堡外的城市建筑形成对比。从一方面来说，如此的城市布局方式似乎暗示着处于权威地位的总督与其民众之间存在着鲜明的对比和反差。从另一方面来说，堡垒也符合弗朗切斯科·迪·乔治·马丁尼的建筑拟人理论：如同人类头脑的堡垒是智慧的象征，处于至高地位并且引导着身体的行动。

45页图

**弗朗切斯科·迪·乔治·马丁尼，萨索科尔瓦罗堡垒，15世纪七八十年代，乌尔比诺，意大利**

弗朗切斯科·迪·乔治·马丁尼为奥塔维亚诺·乌巴尔迪尼伯爵所建的萨索科尔瓦罗堡垒位于居民区的边界处。由巨型塔楼和加固的城墙围合出一个宽阔的内部庭院空间，从平面上看形似一只乌龟。

左图

**弗朗切斯科·迪·乔治·马丁尼，蒙达维奥堡垒，15世纪90年代，乌尔比诺，意大利**

这座位于蒙达维奥的堡垒由弗朗切斯科·迪·乔治设计并最终由乔瓦尼·德拉·罗韦雷建造，是保存较为完善的弗朗切斯科·迪·乔治·马丁尼的堡垒之一。堡垒沿着护城河由不同的几个部分组成，其中一个包含居民区的八边形雄伟堡垒高高耸立，直入云霄。

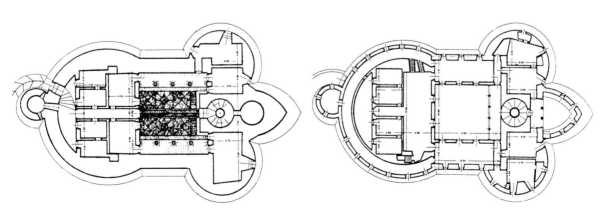

# "华丽公爵"洛伦佐·德·美第奇统治下的佛罗伦萨

自15世纪80年代开始，佛罗伦萨逐渐到达了经济繁荣的顶峰，作为城市统治者的"华丽公爵"洛伦佐·德·美第奇结识并资助了众多优秀的建筑师，城市革新运动从此拉开帷幕。洛伦佐想要更新城市面貌的意愿在他1489年颁布的降低新房建设税的法令中得到印证，而减税的政策同时也迎合了人口的日趋增长。一些证据表明，洛伦佐是一位建筑爱好者，私人珍藏着一本维特鲁威的《建筑十书》副本，并且经常与其他艺术资助者探讨彼此的建筑项目。1446年布鲁内莱斯基逝世后，佛罗伦萨建筑面貌在洛伦佐的协助下迎来了转变，雕塑化装饰的出现越加频繁，建筑风格越显古代风采。这一现象的出现主要是由于雕塑家、木雕家越加深入地参与到建筑活动当中，并且富裕的买家对于诸如纪念章、青铜饰品、浅浮雕等珍贵物品的热爱也推动了古董品位的提升。15世纪末的城镇小作坊里诞生了许多杰出的艺术工匠，如朱利亚诺·达·圣加洛、朱利亚诺兄弟、贝内代托·达·马亚诺和巴乔·蓬泰利，这些匠人的作品传承了几十年之前布鲁内莱斯基和阿尔贝蒂的精神，富有古风。不久之后，朱利亚诺·达·圣加洛以建筑师的身份获得了"华丽公爵"洛伦佐·德·美第奇的赏识和宠幸并获得了许多创作机会：他为圣洛伦佐教堂的外立面设计提出多种不同类型的方案，如建造了波焦阿卡亚诺别墅，在佛罗伦萨乡间建造了美第奇家族的私人宅院。

47页图

**贝内代托·达·马亚诺和西莫内·德尔·波拉伊奥罗（又名克罗纳卡），斯特洛奇宫，始于1489年，佛罗伦萨，意大利**

这座斯特洛奇家族的宫殿位于城市中心一处四面环街的地块，关于建筑的比例问题菲利波·斯特洛奇还咨询过"华丽公爵"洛伦佐。建筑以米开罗佐所建的美第奇宫为模板，重新设计了维特鲁威风格的平面布局、分成三部分的建筑立面和带有竖框的窗户。建筑四个临街的外立面都由精心锤打加工过的方石构成，方石表面的纹理从底层至顶层由粗犷逐渐趋于细腻，在阳光的照射下，外立面由此产生丰富的阴影变化，十分具有层次感。

左图

**朱利亚诺·达·圣加洛，圣神大殿圣器收藏室前厅，1488—1489年，佛罗伦萨，意大利**

圣神大殿圣器收藏室的设计透露出建筑师朱利亚诺·达·圣加洛向古典建筑的靠拢，并且倾向用装饰来丰富建筑物。在这个小型空间里，被两排圆柱支撑的半圆拱屋顶富有颇具古风的雕刻装饰，具有古罗马特色。1465年圣加洛在罗马对古建筑进行细致而详尽的测绘时，就已经熟悉掌握了古罗马建筑的风格和特点。

# 波焦阿卡亚诺别墅

美第奇家族对建造乡间别野的兴趣可谓由来已久,最早可以上溯到 14 世纪时科西莫·德·美第奇委托米凯洛佐在穆杰洛建造的卡法乔洛别墅和特雷比奥别墅,这两座建筑呈现较为封闭的平面布局,具有中世纪堡垒形建筑的特色。而别墅建筑的概念革新在 15 世纪中叶开始出现端倪,并在米凯洛佐 1451—1457 年建造的卡雷吉别墅上得到体现。这个带有庭院、敞廊和花园的别墅与周围闲逸的乡间环境相互协调,关系融洽,成为 1462 年柏拉图学院和菲耶索莱学院合并后,新学院的所在地。建筑和周围自然环境相融洽的重要性被阿尔贝蒂在他的《论建筑》一书中得到强调,并在皮科洛米尼宫

的设计中得到体现。这座建筑于 1459 年由罗塞利诺根据阿尔贝蒂的方案而建造,坐落在皮恩扎的一座山丘之上,因为根据阿尔贝蒂的理论,山丘之上的建筑具有良好的通风条件并且视野开阔,能够唤起人们对古代神话中诸如巴那斯山这类神圣地域的想象。

1479 年,洛伦佐·德·美第奇在波焦阿卡亚诺购买了用以建造府邸的这块土地,并委托他信赖的朱利亚诺·达·圣加洛建造了这一壮丽恢宏的私人别墅。这位建筑师以古典建筑为原型,利用复古的装饰语言精心设计了这一乡间豪宅,使其成为后人学习参考的典范。

下图

**美第奇别墅,始于1485年,波焦阿卡亚诺,普拉托,意大利**

建筑师朱利亚诺·达·圣加洛以古典别墅的基础进行重新设计,开创了史无前例的格局,赋予这座别墅复古但又"现代"的面貌。由一系列古典元素组织而成的建筑语言构成了别墅古色古香的外观:支撑着建筑四边形体块的底座唤起人们对隐廊的回忆,敞廊具有古代神殿前廊的影子,装饰有浮雕的柱顶横檐梁体现出四季更迭中的乡村美好生活。别墅正面两个原本为直线式的楼梯强调着外立面完美的轴对称性,预示着下个世纪的透视布景法即将登上历史舞台。

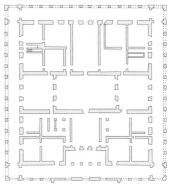

左图和上图

**美第奇别墅平面图以及敞廊细节图，波焦阿卡亚诺，普拉托，意大利**

别墅以维特鲁威描述中的古代住宅为原型，从平面上看，左右两部分以一个宽敞的半圆拱顶大厅为中心，呈对称分布。建筑外立面敞廊的拱顶被彩色花格顶装饰，这种手法在建筑师朱利亚诺·达·圣加洛的作品中经常出现，比如圣神大殿圣器收藏室的前厅也是以同种的这种方法装饰。

# 威尼斯建筑革新

虽然威尼斯保持着长期的经济和政治稳定，但一直积极地寻求建筑形式的改变，从传统中探索建筑形态和建筑特殊性。这个潟湖城市的建筑风格在长达几个世纪的历史长河中，受到了拜占庭、阿拉伯、哥特的影响，同时特殊的地理环境也赋予它独一无二的城市肌理。然而城市因为受到土地的制约，其潟湖的地理特性导致城市版图在定型之后就无法再继续扩展。城市建筑的革新就在此背景下如火如荼地展开。

在威尼斯，15 世纪建筑的形式陷入了介于哥特式风格和文艺复兴式风格之间的妥协之中，而在此妥协的浪潮中，以毛罗·科杜斯和伦巴第建筑师世族为代表的建筑师可谓一股清流。1468 年来到威尼斯的毛罗·科杜斯，研究并思索 1437 年阿尔贝蒂在威尼斯留下的建筑作品，并以此为起点开启了一场严谨的建筑革新。从另一方面来说，威尼斯在地图板块上与帕多瓦、曼托瓦和费拉拉相近，这几个城市之间较为频繁的文化交流促进了建筑语言的更新，为建筑史的转折奠定了基础。

威尼斯的建筑群用丰富的色彩和抑扬顿挫的韵律赋予了这个水城独特的魅力，然而传统的根基依然存在其崭新的外表之下，并且持续影响着整个文艺复兴时期的威尼斯城市样貌。

51页左图
**侧页：马泰奥·拉韦蒂和乔瓦尼·伯恩，黄金宫，始于1423年，威尼斯，意大利**
51页右图
**毛罗·科杜斯，温德拉敏宫，1500年，威尼斯，意大利**

且不谈自毛罗·科杜斯开始的建筑形式革新带来的影响，威尼斯宫殿的传统特色源远流长，可谓具有不可替代的重要意义。黄金宫入口的大厅位于水平面，其两侧的房间作为仓库使用，楼上的两层楼为真正的住所。由于水城的天然局限性，无法像佛罗伦萨那样在府邸建中心庭院，所以建筑师在宫殿的第二层建造了一个面朝运河的敞亮会客大厅作为弥补。建筑的外立面被中央轴线分割，与内部空间的分布相吻合，窗户的位置和室内大厅相对应，由此产生具有和谐韵律的立面。

建筑师科杜斯以威尼斯总督宫为参考范例，设计了与之临近的温德拉敏宫。和黄金宫相比，这座宫殿多了一丝哥特式风格。传统威尼斯建筑的特色经过古典样式语言的润色，在温德拉敏宫上展现出迷人的色彩。

左图
**毛罗·科杜斯，岛上的圣米凯莱教堂，1469—1478年，威尼斯，意大利**

圣米凯莱教堂位于建有城市公墓的圣米凯莱·迪·穆拉诺小岛，其建筑语言简朴而古典，与带有当地特色装饰的威尼斯传统建筑形成鲜明对比。该教堂的外立面在垂直方向由三部分组成，其顶上带有具有巴尔干和达尔马提亚特色的半圆形山墙。科杜斯参考阿尔贝蒂对马拉泰斯蒂阿诺神庙的最初设计方案，在传统威尼斯建筑的基础上进行了新式的设计。

# 在伦巴第大区工作的布拉曼特

多纳托·布拉曼特1444年生于费尔米尼亚诺，一个临近乌尔比诺的小城。据瓦萨里之言，布拉曼特在费代里科·达·曼特尔特罗的宫廷中接受了画家的教育，师从弗拉·卡尔内瓦莱和皮耶罗·德拉·弗兰切斯卡。在乌尔比诺浓厚的数学和透视学的熏陶之下，于莱昂·巴蒂斯塔·阿尔贝蒂的建筑理论的耳濡目染之中，布拉曼特打下了扎实的文化和专业基础，踏上了一条颇为幸运的职业生涯道路。

自1477年开始，布拉曼特开始前往伦巴第大区工作，自1481年开始效力于斯福尔扎宫廷。第一份委派给布拉曼特的建造项目是位于圣萨蒂罗城市中心的圣玛丽亚教堂。在这个项目中布拉曼特发挥了他写实派画家的才能，通过教堂内部唱诗台的浅浮雕设计来体现教堂的轴对称性和中心性。自15世纪80年代末期开始，统治米兰的卢多维科·斯福尔扎公爵就对根据古典建筑风格改变城市面貌充满渴望，于是从1489年到15世纪末，一场城市革新运动在布拉曼特的指导下于米兰城展开。然而布拉曼特的规划方案和当地建筑师的理念相悖，与传统的实际建造方式产生冲突，并且也失去了伦巴第大区具有当地特色的装饰语言。不过所幸达·芬奇和弗朗切斯科·迪·乔治·马丁尼也加入到革新运动的队伍中，展开了一场激烈的争辩，宣扬了新的建筑语言，最终在与传统的斗争中占据了上风。布拉曼特关于建筑的思索和他对三维空间以及集中式布局的研究在米兰得到了初次实践，并为16世纪罗马建筑的发展奠定了坚实的基础。

55页图

**多纳托·布拉曼特和阿戈斯蒂诺·德·丰杜利斯，位于圣萨蒂罗的圣玛丽亚教堂圣器收藏室，1483年，米兰，意大利**

由布拉曼特建造的这个纵向延伸的八边形空间位于圣萨蒂罗的圣玛丽亚教堂的一侧，紧挨着周围临近的房子。半圆形的壁龛和直线形的壁龛交替环绕着圣器收藏室的八个侧边，这一形式与米兰圣阿奎利诺礼拜堂如出一辙，并且因其典型的伦巴第大区建筑特色成为洛杰走廊模仿的原型。结合了古典建筑语言，阿戈斯蒂诺·德·丰杜利斯利用陶土材质的烛台和装饰带赋予这个圣器收藏室丰富的当地传统特色，中世纪的建筑原型经过重新设计之后展现出全新的面貌。

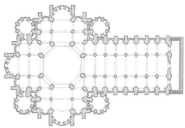

*左图和上图*

**模数化原始平面图和帕维亚主教堂圣坛，1488年**

根据古典建筑语言设计的帕维亚主教堂具有当时先进的建筑风格，在此基础上，当地工人传统的伦巴第建造手艺赋予了这座教堂别具一格的特殊魅力。教堂以布鲁内莱斯基的佛罗伦萨圣神大教堂为模型建造，由三个殿组成，具有半圆形小礼拜堂以及带有穹顶的中央圣坛。平面上十字交叉形的中心空间被建筑师加以改造，增添了八边形的柱子用以支撑穹顶。这个承重结构的加入从根本上改变了圣坛空间的样貌，整个空间得到扩张并且拥有了前所未有的雄伟造型感。布拉曼特对于帕维亚主教堂空间立体感的思索进一步深化了他对古罗马建筑的研究，为之后罗马圣彼得大教堂的建造打下基础。

## 杰出作品
# 维杰瓦诺的公爵广场

　　公爵广场是在卢多维科·斯福尔扎的决定下建造的工程，位于他隐退时打猎的地方——维杰瓦诺。1492—1494 年，仅仅历时两年这座广场就建造完成。他改造了与旧城堡相毗邻、曾作为集市的公共空间，使其成为一个符合布景透视法的广场。这个壮丽而豪华的广场四周环绕着规则排列的柱廊，柱廊的外立面绘有传统装饰图案，颂扬着斯福尔扎家族的荣耀。这个伟大的广场将原本的城市公共空间转变为宫殿的前厅，无声地宣扬着 1494 年成为米兰公爵的卢多维科·斯福尔扎的非凡权力，表现出公爵想要重塑古罗马帝国光辉的政治热情。这一建筑项目由布拉曼特着手设计，似乎展示出这位建筑师想要重新创造古罗马广场形象的勃勃雄心。布拉曼特的设计参考了阿尔贝蒂的《论建筑》，书中有介绍维特鲁威所描绘的古罗马广场。应卢多维科·斯福尔扎的要求，城堡的入口立着带有拉丁语的石碑，而碑文中直接将这座广场称之为古罗马式广场，直接证明了上述的猜测。

右图
**公爵广场，1492—1494年，维杰瓦诺，帕维亚，意大利**

56

# 在米兰工作的达·芬奇

1482年，"华丽公爵"洛伦佐向斯福尔扎宫廷举荐具有杰出军事工程才能的达·芬奇，达·芬奇随后受邀来到了米兰。由于其具备的各方面杰出才能，在改造米兰城市的工作上，达·芬奇得到了大量有关绘画、雕塑、民用建筑和军事建筑的委派。虽然达·芬奇不懂拉丁语，但是对知识充满追求的他在强烈好奇心的驱使下从事了一些与哲学和文学有关的工作，并且把维特鲁威的文献中阐述的建筑原理与阿尔贝蒂和弗朗切斯科·迪·乔治·马丁尼的实际工程融合贯通在一起，进行了一系列的建筑创作。在米兰，达·芬奇与布拉曼特相识并且成为好友，一起进行了理论探究，并参与了当时关于集中式建筑和城市规划的讨论。尽管他作为建筑师的盛名被帕乔利和瓦萨里铭记，但是除了在米兰大教堂和普拉维亚大教堂的建造中曾经提供过意见，他没有受到过任何实际建筑项目的委派，然而在他的手稿中大量描绘教堂、宫殿和城市地图的草图，证明了达·芬奇对建筑的浓厚兴趣。他大部分的理论工作可以追溯到他在米兰生活的时期，在这期间他进行了一系列关于环境的研究，为斯福尔扎家族提出许多建筑方案。他的手稿由弗朗切斯科·梅尔齐收集，之后雕塑家蓬佩奥·莱奥尼对其进行了删减和重新编辑，成为《大西洋手抄本》，并在18世纪被收藏进安布罗夏娜图书馆，之后在拿破仑战败后重新回到故乡。

**列奥纳多·达·芬奇，中心式平面构造的教堂设计图，法兰西学会图书馆，巴黎，法国**

达·芬奇生活在米兰时，设计了数量众多的中心式平面构造教堂。对古代和现代建筑的了解为他进行复杂且精美的设计打下扎实的基础。他的教堂设计中大多呈聚集状分布，以带有穹顶的多边形空间为中心，向外发散出其他较小的组织体块。呈希腊十字构造的空间内切一个正方形，位于其中央的穹顶与其他四个小型穹顶形成对比（五点梅花形排列法），在此布局的基础上产生无数的变体，整个建筑呈现出越来越复杂的布局。此类建筑遵循着立体几何学中的并置排列法，教堂的高度从中心到外部依次降低，体块交接部分的墙体具有雄伟的造型感。达·芬奇的设计对布拉曼特产生深远影响，为其之后几年依据五点梅花形排列法建造的圣彼得大教堂奠定了基础。

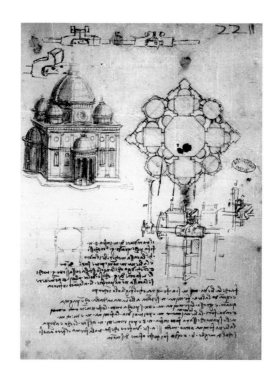

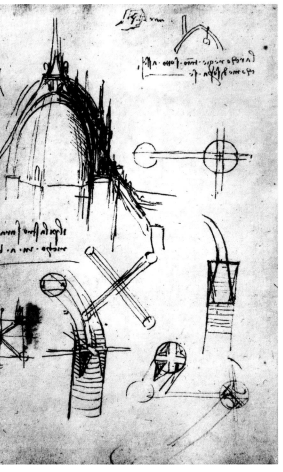

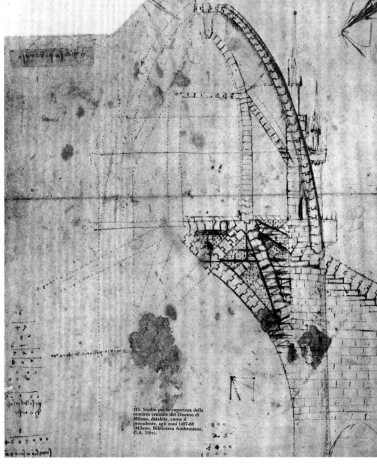

113. Studio per la copertura della crociera centrale del Duomo di Milano, databile, come il precedente, agli anni 1487-88 (Milano, Biblioteca Ambrosiana, C.A. 310v).

左上图

**列奥纳多·达·芬奇，米兰大教堂讲道坛草稿图，《特里武尔齐亚娜手稿》第22页，特里武尔齐亚娜图书馆，米兰，意大利**

右上图

**列奥纳多·达·芬奇，米兰大教堂讲道坛草稿图，《大西洋古抄本》第310页，安布罗夏娜图书馆，米兰，意大利**

　　1481年，在圭尼福尔泰·索拉里的去世给米兰大教堂的建造遗留下了一个关于静力学和美学的问题——教堂交叉甬道上方的屋顶如何建造？由此在建筑界产生了长达20年之久的讨论和设计。达·芬奇在1487年和1490年先后被咨询了两次，布拉曼特和弗朗切斯科·迪·乔治也参与了讨论。达·芬奇无数的设计稿透露出，静力学的问题主要体现在结构的巨大推力如何向下传递。从外形的角度来看，达·芬奇提出的解决方案具有古典建筑风格，他设计了一个穹顶作为教堂的屋顶，并且穹顶的拱背被环以小尖塔。然而在1490年7月，达·芬奇的方案遭到废弃，最终伦巴第本土建筑师乔瓦尼·安东尼奥·阿马德奥的设计被采纳。

# 16世纪初期文艺复兴时期的建筑

  跨入 16 世纪的门槛，罗马开始取代佛罗伦萨，逐渐成为文艺复兴建筑的主要舞台。由莱昂·巴蒂斯塔·阿尔贝蒂建造的建筑模板能够满足高级教士和罗马教廷教士的不同需求，因此这一时期的许多建筑都以阿尔贝蒂的作品为原型进行建造。由红衣主教拉斐尔·里阿里奥下令建造的文书院宫就是一例，它的建筑师据推测可能为巴乔·蓬泰利，他设计的一系列壁柱赋予了建筑雄伟而明丽的外形，并且与建筑整体平面布局相映成趣。

  这座宫殿的第三层建造得十分豪华，被当作重要的居住场所使用着。虽然不久之后社会需求和经济情况发生变化，但是这座建筑依然很好地应对了这一转变。

61页图

**小安东尼奥·达·圣加洛, 巴尔达西尼宫**
**庭院, 1514—1517年, 罗马, 意大利**

**文书院宫，1490年左右，罗马，意大利**

这座庞大的府邸绝对是罗马15世纪极为重要的建筑。据考察，其建于1490年左右，其主人为教廷有权有势的红衣主教拉斐尔·里阿里奥，然而其建造者至今仍是一个谜，可能包括巴乔·蓬泰利在内的众多建筑师都参与了建造工作。府邸外表以古典建筑为模型，融合了阿尔贝蒂和布拉曼特的思想，并借鉴了乌尔比诺总督宫的劳拉纳庭院。作为建筑上两层窗户框架的一系列壁柱颇具布拉曼特的设计风格，在这位1500年才来罗马工作的乌尔比诺建筑师的一个设计里，可以看到类似的和谐而连续的节奏韵律。

**63页右图**
**弗拉焦孔多，古建复原，出自维特鲁威，《建筑十书》，1511年**

**63页左图**
**安东尼奥·迪·佩莱格里诺与布拉曼特，法院宫设计，乌菲齐美术馆加比内托图画与印刷品收藏室，佛罗伦萨，意大利**

维特鲁威描述下的这座古代建筑经过弗拉焦孔多的复原之后，在1511年修订版的《建筑十书》中以图像的形式出现，并成为整个15世纪和16世纪住宅建筑的模型和典范。此建筑平面沿中轴线对称，入口的前厅将人们引向一个带有拱廊的庭院，如同帕拉提纳礼拜堂，具有古代列柱中庭的风格。这种类型的设计方案，自1444年米开罗佐设计的佛罗伦萨美第奇宫就开始风行，并在罗马的文艺复兴浪潮中到达顶峰。1508年，布拉曼特和弗拉焦孔多设计了位于罗马朱利亚路上的法院宫，而设计方案和《建筑十书》中的这座古代建筑具有惊人的相似性。

1501 年之后由布拉曼特建造的卡普里尼宫的落成，标志着"建筑不同楼层外表和功能的分立"这一规则成为约定俗成：建筑外立面的第一层由粗糙的砌琢石构成基底，而在其之上的楼层则带有装饰着龙须草的陶立克式柱。在此规则下诞生的建筑具有前所未有的造型感。依附古典建筑语言的同时，由布拉曼特发明的建造技术给建筑带来革命性意义：建筑的外立面在砖头的基础上抹以灰泥层来模仿石灰华的外形，用廉价的材料来代替昂贵的石材，以此降低建造成本，使昂贵的贵族府邸向普通的社会阶层敞开了大门。从另一个角度来说，队伍日趋庞大的中产阶层产生强烈的住宅需求，但与此同时，购房的资金存在一定的限度。在这种背景下诞生的建筑具有古罗马风格外立面的同时，也具备着经济的可行性。由此，这类建筑在之后的数年间如雨后春笋般在城市中崭露头角，创出巨大的财富。拉斐尔和朱利奥·罗马诺以及北方的桑索维诺和帕拉第奥就是建造此类建筑的代表人物。

　　因此这段时期在罗马诞生了许多此类大型住宅，它们都带有前厅、庭院以及私人房间，不过在尺寸和规模上更为独立。安东尼奥·达·圣加洛建造的巴尔达西尼宫（1513 年）、阿奎拉·迪·拉斐罗建造的布兰科尼奥宫（1519 年）

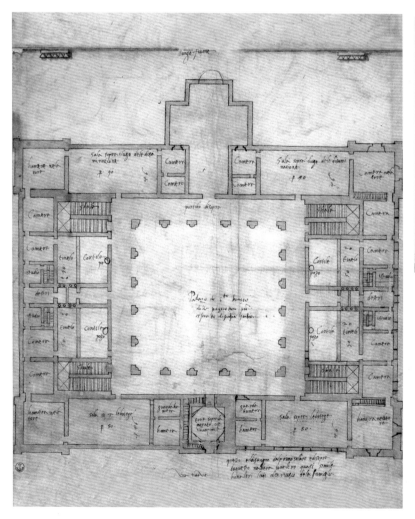

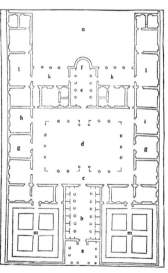

和佩鲁齐建造的马西莫柱宫（1532年）就是这样的例子。与此同时，小型的民用住宅也在城市中崭露头角，1513年开始建造的法尔内塞宫就是其中的佼佼者。建筑的主人为红衣主教阿列桑德罗，即之后的教皇保罗三世，建筑师为小安东尼奥·达·桑加洛。这座法尔内塞宫的建筑立面以佛罗伦萨的美第奇宫和斯特洛奇宫为原型，去除建筑柱式结构，用简洁明了的外形给16世纪下半叶的罗马建筑提供了优秀的模板。

## 帝国风别墅的重生

冲击着贵族和资产阶级府邸传统建筑类型和样式的革新浪潮，同样也席卷了位于乡间的度假型住宅，并带来了古代乡间居所的风味和特色。美第奇的波焦阿卡亚诺别墅呈现出一个闭合的建筑体块，堡垒建筑的风格依旧浓厚，然而这种建筑类型在16世纪上半叶传入罗马后，发生了一定的转变。较为显著的一点就是原本闭合的建筑体块开始变得更为开放，敞廊开始出现在乡间住宅中，意大利式花园逐渐成为郊区别墅不可分割的一部分。

由教皇朱利奥二世在1503年委托布拉曼特为梵蒂冈宫殿建造的观景庭院宏伟壮观，如同一个气势磅礴的大剧院，成为整个委托项目的核心。在布拉曼特向教皇提出的方案中，这个巨大的庭院以凯撒大帝统治古罗马帝国时期建造的宫殿为原型，并参考了位于巴雷斯特里纳的幸运女神神殿，庭院长达300米，戏剧性地布置着一系列露台，在整体空间的尽头矗立着一个偌大的半圆形回廊。这件建筑作品以其经典的形象成为文艺复兴时期纪念性建筑的标志。自1506年开始，达·芬奇也开始关注建筑和自然的关系。他为查理斯·丹伯驿

下图
**马腾范·海姆斯凯克，《马达马别墅露台》，《柏林速写》第七十二章第2节第24页，16世纪30年代，普鲁士文化遗产国家博物馆，绘画与印刷品分馆，柏林，德国**

马腾范·海姆斯凯克在旅居意大利期间所参观拜访的马达马别墅露台反映出16世纪初期的建筑作品对古典准则的强烈依赖。拉斐尔和他圈子里的一众建筑师拾取古代建筑遗迹中闪现出的装饰元素来装扮着帝国式别墅，使其熠熠发光。自然与建筑的完美融合在拉斐尔的建筑作品中显露出和谐的古典色彩，逐渐打开了通往园林式建筑的道路。

瑟设计的住宅就体现了他在这一方面的思考，这一案例在留传下来的达·芬奇手稿中清晰可循：宽敞的府邸带有一个面向花园的敞廊，花园中鸟语花香，精心布置着各种水景，生机盎然。

　　帝国式别墅的复兴在拉斐尔对马达马别墅的设计中得到完美体现。这座别墅位于马里奥山的山坡之上，主人为教皇利奥十世。建筑师以古罗马住宅为原型，对古典建筑元素进行了重新的诠释，尽显奢华本性，拥有着敞廊、渔场、空中花园、剧院、温泉浴场、剧院以及赛马场等诸多享乐设施。教皇利奥十世在位的 1513—1521 年，建筑外形对古典建筑样式的依附处于顶峰，并且到达了哲学层次，推动着建筑表现需求和经济实际相结合的同时，也向古罗马黄金时期致以敬意。

# 在罗马工作的布拉曼特

　　随着新世纪大门的敞开，建筑辩论的中心逐渐开始从意大利的中北部向南部的罗马转移。在 1499 年法国占领米兰之后，身为当时著名的建筑师之一的布拉曼特便决定抛弃伦巴第大区而前往罗马定居，并在不久之后成为罗马建筑界的绝对主角。1503 年，朱利亚诺·德拉·罗韦雷成为文艺事业的热忱资助者——教皇朱利奥二世。朱利奥二世性格坚毅果断，组织了一场雄心勃勃的计划以宣扬教皇的光辉和罗马教廷的伟大。在这项计划中，梵蒂冈宫和圣彼得大教堂得以面世，而罗马也因此逐渐发展成为当之无愧的建筑革新的心脏。教皇在友情和联姻的基础之上，与当时最具权威与财富的银行家阿戈斯蒂诺·基吉结成联盟，保证了教皇资金的充盈。朱利奥二世下令建造的一系列建筑项目透露出其巨大的个人野心，展现出教皇想把当时仍处于中世纪建筑风格的罗马转型成为他个人的罗马帝国的强烈意愿，而古罗马文化的复兴成为一个很好的契机，雄伟而凯旋式的古罗马建筑成为构建朱利奥二世个人帝国的完美参照，而教皇自己也得以成为新的凯撒大帝。罗马城的城市革新以诸如古罗马浴场、金宫和哈德良别墅等伟大的古罗马帝国建筑为原型，参考乌尔比诺和米兰的城市文艺复兴经验，用一种新的尺度取代罗马的中世纪建筑、城市规划和经济形式。1513 年，朱利奥二世逝世，随后一年布拉曼特也离开人世，而罗马帝国复兴之梦由之后上任的教皇利奥十世继续推动向前发展。

左图

**多纳托·布拉曼特，圣玛丽亚和平修道院庭院，1500—1504年，罗马，意大利**

　　拉特兰教规修道院的庭院修建工作在 1500 年被修道院的负责人红衣主教奥利维耶罗·卡拉法委派给布拉曼特。在庭院的设计中，建筑师通过模度化的网格确定了建筑物尺度，并保持着完美的双向轴对称。对古典建筑样式的反思推动着布拉曼特向古典哲学靠近，并肯定了长方体柱子才是拱的最佳支撑物，而非圆柱。在敞廊的上一层，位于下楣下方的科林斯柱式交替排列，符合作为支撑物的样式尺度。为了维持整体网格尺度的和谐，布拉曼特缩小了四个角落的爱奥尼式壁柱的大小使其拥有小巧的外形。

**多纳托·布拉曼特，观景庭院螺旋楼梯，1503—1504年，梵蒂冈城，梵蒂冈**

布拉曼特在观景庭院的东部建造了华丽的螺旋楼梯用以连接位于低地的安杰利科路和凯旋路上的两个庭院，并为向工地运送建材提供便利。楼梯的螺旋曲线共由4个完整的螺旋圈组成，每个圈被8个圆柱支撑，具有古典形态的圆柱样式依次为塔斯干柱式、多立克柱式、爱奥尼柱式和科林斯柱式。这一系列圆柱支撑着同一个由过梁和中楣组成的简化柱顶横檐梁，圆柱柱干的直径和高度的比例依次缩小，从

起初塔斯干柱的1：5逐渐过渡到最后科林斯柱的1：8.4。这一史无前例的设计成为布拉曼特多才多艺的绝佳见证，无论是城市规划的大尺度还是建筑细节的小尺度，他都能轻松自如地驾驭，并且在借鉴传统的同时不被其束缚，反而能在古典原型的基础上发展出全新的构造方式。

# 杰出作品
## 罗马蒙托里奥的圣彼得教堂

来自乌尔比诺的建筑师布拉曼特在到达罗马工作之后，研习了大量史学资料，并且走访探究了当地的古罗马遗迹，在此文化底蕴的熏陶中设计出了位于蒙托里奥的圣彼得教堂。除此之外，布拉曼特凭借其深厚的人文素养，通过言简意赅的建筑语言向世人贡献出了诸如梵蒂冈观景庭院和坦比哀多小礼拜堂等经典佳作。塞利奥和帕拉第奥这两位建筑师晚辈都认为布拉曼特的作品可以与古代的不朽建筑相比肩。

这座建于 1503—1505 年的小型建筑的委托人为西班牙国王的检察官、位于罗马的耶路撒冷圣十字教堂的红衣主教——贝尔纳多·德·卡瓦哈尔，这位红衣主教想要在

圣徒彼得在十字架上被钉死的地方建立一座小礼拜堂以纪念圣徒的殉难。这座建筑原始的构思并没有得以实际实施，但所幸在塞利奥的论述中得到了重现：建筑师本想在 1500 年落成的蒙托里奥圣彼得教堂旁建造一个带有拱廊的环形庭院来安置这座小礼拜堂。布拉曼特在参照维特鲁威的论述和借鉴弗朗切斯科·迪·乔治·马丁尼的构思的基础之上，建造了这座以罗马灶神庙为原型、外围带有一圈环柱的小礼拜堂，重现出古罗马建筑的光辉。这座建筑的环状形态完美而和谐，是宇宙的象征，体现着始于阿尔贝蒂的一系列建筑师和教皇的人文情怀。

69页图

**多纳托·布拉曼特，蒙托里奥圣彼得教堂的坦比哀多小礼拜堂，约1503—1505年，罗马，意大利**

整个建筑的体块基于三个部分的叠合：礼拜堂的地下室、带有环形柱廊的建筑中心部分和圆形穹顶。从建筑的角度分析，坦比哀多小礼拜堂的承重系统在圣玛丽亚和平修道院庭院中就展示出了端倪。小礼拜堂外圈的一系列圆柱重新起到了承重的作用，承受着其上方柱顶横梁以及上层栏杆的重量，与此同时，一系列壁柱分割着室内墙面的体块，赋予其和谐的韵律。

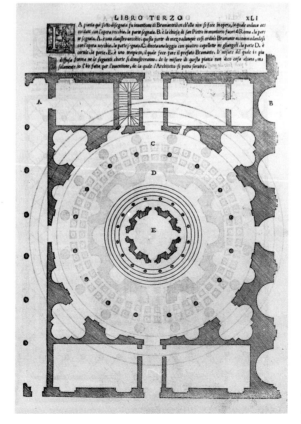

左图

**赛巴斯蒂亚诺·塞利奥，蒙托里奥圣彼得教堂圆形庭院内的坦比哀多小礼拜堂平面图，《建筑七书》中的第三本，1540年，威尼斯，意大利**

布拉曼特设计的坦比哀多小礼拜堂方案通过塞利奥的著作得以重新展现于世人面前。在这个原始方案中，小礼拜堂处于内切于正方形的一个圆形庭院之内，体现了循环与对称之美，纪念着象征人文主义的维特鲁威人。从平面上看，由对称轴生出 4 个正交点和 4 个对角线，带来分布在 4 条边上的 8 个壁龛，并生出位于中环的 16 个圆柱。如此的设计彰显维特鲁威数学理论的同时，也与基督教中具有神圣含义的数字"八"相契合，暗示着耶稣复活。

# 新圣彼得大教堂的建立

在教皇朱利奥二世雄心勃勃的城市革新计划中，至关重要的一个建筑项目就是毗邻梵蒂冈宫和第一任教皇陵墓的君士坦丁古教堂改建。关于这座中世纪教堂的更新改造工作，早在教皇尼古拉五世时期就由建筑师罗塞利诺开始着手实施，这位教皇御用建筑师主要改造了教堂的东边部分，引入了一个唱诗台和一个穹顶。然而朱利奥二世想要的是以一个现代而宏伟的样式重建整个教堂以此来赞扬其个人荣耀，并委托米开朗琪罗建造一个私人陵墓。圣彼得大教堂最初由布拉曼特在 1505 年开始着手建造，当时建造完成梵蒂冈观景庭院的布拉曼特已经充分得到了教皇的信任。在这位建筑师的最初平面设计图中，教堂内切于一个正方形，呈现希腊十字式样。然而在第二年，这一方案因为耗资过于巨大，被驳回。于是在新的方案中，布拉曼特沿用之前建筑师罗塞利诺设计的唱诗台部分的地基，设计了一个简洁的殿堂来体现教堂两臂相交的位置。

在最终方案里，圣徒彼得的陵墓被安置在教堂讲道坛中央的祭坛下方，装饰着丰富的马赛克图案，并由七扇大窗引入光线。尤利娅祭坛位于其后方。始于 1505 年的建造工作由于 1513 年朱利奥二世以及 1514 年布拉曼特的相继去世被搁置，这时教堂的建造工作已经进行到建造穹顶下方柱子的一步。之后教堂的设计经拉斐尔、圣加洛、佩鲁齐等建筑师之手进行了变更，并在教皇保罗三世的委托下，由米开朗琪罗对设计进行了总体的精简。

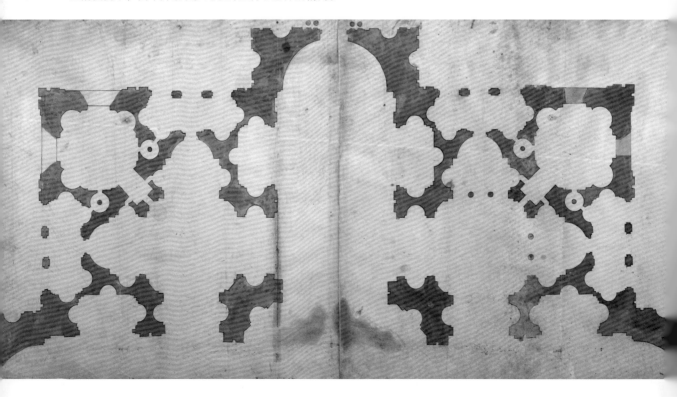

**70页图**

**多纳托·布拉曼特，圣彼得大教堂平面图，1505年，加比内托图画与印刷品收藏室，乌菲齐美术馆，佛罗伦萨，意大利**

这张绘于羊皮纸上的建筑平面图由布拉曼特所作，是布拉曼特的教堂更新计划中的第一步，教皇朱利奥二世对此计划赞赏有加，并在1505年下令让卡拉多索将其雕刻在地基的纪念章上。在这个设计方案中，教堂呈现拉丁十字构造，在平面上呈现出内切于一个正方形的圆形形状。在布拉曼特的思路中，教堂由多个中心组成，处于最中心的体块占据制高点，并从穹顶向外有机地发散各个小型体块。如此五点梅花式排布的平面构造方式最初起源于拜占庭，之后达·芬奇对其进行了一系列研究并将研究的成果记录于他的手稿之中。而布拉曼特在米兰工作的那些年间，在新耶路撒冷的宗教思想基础上，他在五点梅花式平面的基础上设计了一个用墙体闭合的正方形空间，用以隐喻宇宙的理想形态，其中位于中心部分的土地向宇宙的其他部分蔓延扩展。

**上图**

**马腾范·海姆斯凯克，圣彼得大教堂建造图，《柏林速写》，普鲁士文化遗产国家博物馆，柏林，德国**

马腾范·海姆斯凯克的绘画为教皇保罗三世接手之前的圣彼得大教堂的建造工作提供了真实可信的资料，展示出按照1506年设计方案建造的教堂巨大的中部空间。画中显而易见的四根大柱子为教堂大穹顶的支撑物，是布拉曼特独创的全新建筑元素。它们呈对角线构造的楔形石除了起到引导拱的推力之外，也为向外膨胀的教堂祭坛部分的空间提供了可能。这些边角圆滑的柱子划分了教堂的内部空间，将理想中的画面搬进了现实。这样的体系成为直到新古典主义时期建筑的典范与模型。

# 拉斐尔和佩鲁齐为阿戈斯蒂诺·基吉贡献的作品

　　布拉曼特凭借其作品被认为是继布鲁内莱斯基之后建筑界新的领军人物，给世人留下颇深的印象，并很快成为他同行建筑师学习和参考的标杆。拉斐尔，是出生于享有"人文主义摇篮"之美誉的乌尔比诺，他以圣彼得大教堂宏伟壮丽的中心位置为背景，在梵蒂冈教皇宫中绘制了《雅典学院》的壁画。当时的艺术家传承了布拉曼特的个人经验，将其原本的光辉发扬光大，使罗马城充满丰富的文化刺激和文化交流，而流传于罗马的通用希腊艺术语言则被逐渐规范和统一。自布拉曼特去世之后，拉斐尔、圣加洛、佩鲁齐等诸多建筑师和艺术家的作品重新赋予圣彼得大教堂绚丽的生命。作为这个项目委托方的教廷十分开明，为效力的大师们提供稳定而丰厚的经济支持，与此同时，这些大师在好奇心和探索精神的驱使下，协力为大教堂的建造贡献智慧，建构了无法复刻的历史片段。富裕的锡耶纳银行家阿戈斯蒂诺·基吉因资金问题与教皇交好，而这位银行家本身也是一位雄心勃勃的艺术资助者，在文艺复兴的历史中扮演着一个不可或缺的角色。他邀请了与自己同乡的巴尔达萨雷·佩鲁齐和拉斐尔这两位当时极具盛名的建筑师一同设计了一座位于罗马的奢华府邸和自己的陵墓。

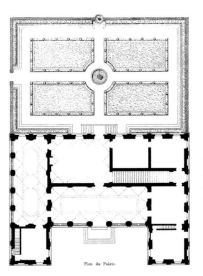

左图
**基吉圆柱大厅平面图，法尔内西纳，《现代罗马建筑》，1868—1874年，巴黎，法国**

　　阿戈斯蒂诺·基吉的别墅向前突出的两翼围合出中心的拱形敞廊。其简洁的平面总体设计与建筑奢华的内部装饰形成鲜明对比。

# 居住在古罗马建筑中

　　历史文献和古代遗迹中出现的古典建筑语言，在16世纪初期除了在教皇下令建造的建筑中得到体现，在由富裕的红衣主教和罗马贵族家庭所订购的私人府邸中也崭露头角。诸如阿戈斯蒂诺·基吉、朱利奥·阿尔贝里尼、梅尔奇奥雷·巴尔达西尼、雅各布·达·布雷西亚、焦万·巴蒂斯塔·布兰科尼奥等贵族们纷纷委托建筑师为自己家族建造具有古典风格的别墅，要求能够展现时代性的同时也展现自己高贵的社会地位。这些贵族府邸以佛罗伦萨样式的别墅为原型进行加工再创造，呈长方形的平面中心部分为带拱廊的庭院，四周环绕着一系列房间。如此的设计思路来源于维特鲁威的论文，而建筑的外在形态

Raph. Vrbinat ex Lapide Coctili Rome. exstructum

　　卡普里尼宫的主人为罗马教廷的高层工作人员安德里亚诺·卡普里尼·达·维泰尔博，布拉曼特受其委托在1501—1510年的一个不确定的时间段内建造了这座如今已经不复存在的宫殿。建筑师以一个革命性的手法设计了这座私人住宅，使其成为直到帕拉第奥为止整个文艺复兴时期建筑师学习仿效的对象。建筑的底层不具任何柱式，风格简朴，长方形的开口之上带着弦月窗，然而建筑第二层的带有三角形山墙饰的长窗被一系列双圆柱分隔，与此同时，圆柱支撑着一个与维特鲁威叙述相符的陶立克式柱顶横檐梁。建筑的整体外形颇具古风，并使用了诸如砖头、石灰泥等更加经济的材料来达到和石灰华一样的视觉效果，建筑师用较为有限的资金完成了高雅的古典风格住宅。

**小安东尼奥·达·圣加洛，法尔内塞宫，始于1514年，罗马，意大利**

为红衣主教阿列桑德罗·法尔内塞建造的这座宫殿位于朱利亚路的后方，而这条道路是教皇特意下令建造用来连接梵蒂冈和布拉曼特建造的法院的专用通道。建筑师小安东尼奥·达·圣加洛在16世纪初跟随其叔父从佛罗伦萨来到罗马，并在不久之后受到了建造法尔内塞宫的委托。四面环街的这座宫殿参照着弗拉焦孔多出版的维特鲁威《建筑十书》中对古代建筑前厅的描写，以一个三殿式长方形房间来连接巨大的内部庭院。建筑外部的构造方法经济而有效：整体用灰泥层涂抹的同时，4个边角被粗琢的砌琢石标记。阿列桑德罗在1534年的大选中被拥护登上教皇的宝座之后，在法尔内塞宫原本的基础上扩建了一个宽阔的法尔内塞广场，并在1546年圣加洛去世后委托米开朗琪罗完成了宫殿最后一层的建造工作。

则依据历史文献发展自一股高雅的古典思潮。新兴资产阶级对投入少量资金建立贵族府邸的强烈需求促进了新式住宅的诞生。此类新式住宅底层往往作为商铺使用，为居住在上层尊贵公寓中的府邸主人提供收入的保障。这一时期的许多罗马住宅的形式都是正面临街，侧面紧挨着其他住宅而背面向内延伸至天井，然而恢宏壮丽的法尔内塞宫以其巨大的体块与这些罗马传统住宅形成鲜明对比。四面临街、独自矗立的法尔内塞宫经历了多年的建造过程和数次的建筑师更迭，但是其设计本质还是遵循着佛罗伦萨的美第奇宫和斯特洛奇宫的基本原则，并在16世纪下半叶的罗马城市建筑中获得了大量的拥护和追随者。

## 杰出作品
# 罗马的马达马庄园

在朱利奥二世 1513 年逝世之后，"华丽公爵"洛伦佐·美第奇的儿子乔万尼·德·美第奇以莱昂内十世的名号登上了教皇的宝座，并立志在城市革新项目上和他的前任教皇一决高下。

1516 年，莱昂内十世决定重振佛罗伦萨美第奇家族的光辉，发扬其先辈的优良传统，于是下令在蒙托里奥山的东北坡上能够远眺罗马城和台伯河的特权地带上建造一座私人府邸。真正的建造工作始于 1518 年，由拉斐尔设计，由教皇朱利奥的侄子，也就是未来的克莱曼内七世作为别墅名义上的委托建造人，监管着整个府邸的建设事宜。在工地开工的那一年，教皇朱利奥委派小安东尼奥·达·圣加洛一起参与到建造工作中

来，主要解决土壤地基加固的问题。然而在 1520 年拉斐尔去世之后，小安东尼奥在朱利奥·罗马诺的协助下，独自挑起了建设整个府邸的大梁。整个建造工作虽然到最后都未能全部完成，但是拉斐尔、圣加洛等设计者的一系列设计手稿都被完整地保存下来。在这些建筑师的设计方案中，整个府邸以一个雄伟的体块矗立于山坡，面朝山谷，赛利阿纳式开窗与巨大的建筑样式相交替，赋予建筑以美第奇家族壮丽磅礴的气势。莱昂内十世的这座别墅由露台、敞廊以及封闭式空间交替组合构成，参考了布拉曼特 13 年前建造的梵蒂冈观景台，颇具古罗马帝国时期建筑的风范。

77页图
**拉斐尔，马达马别墅敞廊，1518 年，罗马，意大利**

建筑物与景观紧密相连的重要性，早在小普利尼奥描述的古代建筑中就已被阿尔贝蒂提及，并且在古典样式孕育中诞生的这座马达马别墅敞廊中得到强调。敞廊的墙壁怪诞的壁画出自乔万尼·达·乌迪内之手，模仿着金宫的壁画，有着浓厚的仿古色彩。

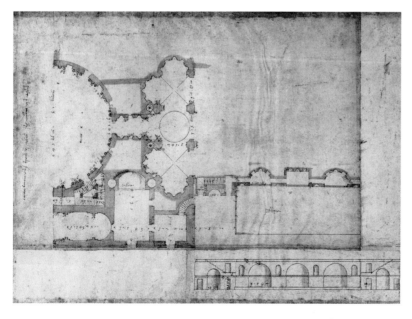

**左图**
**安德烈亚·帕拉第奥，马达马别墅平面图和鱼池投影图，英国皇家建筑师协会，伦敦，英国**

由帕拉第奥在 1541—1547 年完成的测绘图完美地还原了在马达马别墅项目中拉斐尔原始的设计想法，体现出建筑不朽的纪念价值。在建筑纵向的轴线上，建筑师根据透视原则设计了一系列房间和露台，其中格外显眼的是一个环形的庭院，与之相连着一个面对花园的三段式敞廊。

# 中心式构图教堂

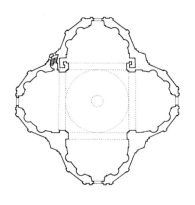

从 15 世纪开始，建筑师们在宗教建筑的设计上逐渐产生了对于中心式构图的关注。建筑对古典语言和古代绝美建筑的依附可以追溯到维特鲁威的论文被世人重新发现和研究。在其所著的一系列建筑论述类书籍中，第三部着重论述了神殿类型的建筑。维特鲁威赞扬了人类比例的完美性，并提出可以将人类的形态内切于圆形或正方形等几何形状中，以此发散推广，最终构成建筑的平面形态。这种建筑设计概念在文艺复兴时期被阿尔贝蒂、达·芬奇、菲拉雷特、弗朗切斯科·迪·乔治·马丁尼等一系列建筑师发扬光大，成为这一时期主导建筑设计的基本原则。中心构图式建筑物对几何形态的严格遵循将 15—16 世纪建筑师的思绪引向了古希腊哲学家毕达哥拉斯的理论以及文艺复兴时期新柏拉图主义思潮，诉求着世间万物数学和几何的和谐，并随着马尔西利奥·费奇诺将神定义为宇宙的中心到达高潮。建筑师们针对呈中心平面构图的教堂以及其象征含义的研究在意大利城市中广泛展开，城市中为数众多的古代建筑成为学者分析、研究、重新改造的对象。中心构图式建筑在 16 世纪初期迎来了最为广泛的关注和传播推广。布拉曼特在罗马完成的一系列具有革命性意义的设计项目具有启示性作用，这位大师的追随者们继承了他的设计理念，并将其建筑语言为后人广泛传播。

**左图和上图**

**圣母神慰堂及其平面图，1509年，托迪，佩鲁贾，意大利**

15 世纪末—16 世纪初，因为与圣母相关的一个活动的举办，引起了一波兴建中心式教堂的浪潮。这些教堂由城市居民委托建造，一般位于城市的城门附近或者空旷的城市地带。这座建于 1509 年的圣母神慰堂也不例外。教堂的整体外形比较简洁，体块构造也很传统。4 个半圆形讲道坛环绕着位于中心的圆柱形讲道坛，其上方覆盖着一个圆形穹顶。这一构造样式带有明显的达·芬奇色彩，可以看出建筑师参考研究了达·芬奇的多中心建筑理论。根据史书记载，这座教堂的主持建造者是科拉·卡布拉罗拉大师，但是教堂的设计者却并无文献记载，根据民间猜测，可能是布拉曼特。

上图和右图

**老安东尼奥·达·圣加洛，圣比亚乔教堂及其平面图，1518年，蒙特普齐亚诺，锡耶纳，意大利**

　　这座教堂在 1518 年由全体市民请愿修建，因为当时老安东尼奥刚完成蒙特普齐亚诺宫的修建，所以被红衣主教德尔蒙特任命为这座教堂的建筑师。老安东尼奥将教堂的平面改造成中心式构造，中心部分带有圆形穹顶，而建筑正面两旁的钟楼带有当时正在修建的圣彼得大教堂的模样，不过与之相比，样式更为简单。而教堂的希腊十字形构造与建筑师兄弟朱利亚诺几年前所建的普拉托圣母卡尔切里教堂也如出一辙。教堂内部和外部底层运用了陶立克柱式，向艾米利亚教堂致以敬意。

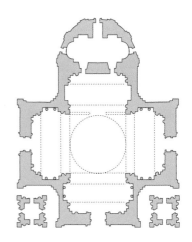

# 在佛罗伦萨工作的米开朗琪罗

在"华丽公爵"洛伦佐·美第奇去世之后，佛罗伦萨陷入了长期的政治混乱和文化不稳定的历史进程中，艺术家的作品产出也因此受到严重影响。1494—1498年，佛罗伦萨都处于神秘主义宗教多明我会的一个名为萨佛纳罗拉的教士统治之下，这位教士的统治给佛罗伦萨带来了苛刻而传统的中世纪道德束缚，城市文明的阴影直到萨佛纳罗拉被处以火刑才逐渐散去。在此之后，佛罗伦萨的统治权在1502年移交到了军事长官皮耶罗·索代里尼手中，而1512年美第奇家族卷土重来，重新回到了佛罗伦萨并由乔万尼·德·美第奇掌握政权，而一年之后的1513年，他以莱昂内十世的头衔被选举成为教皇。撇开不计为了庆祝教皇的当选而建造的凯旋性质建筑，佛罗伦萨的建筑风格在此之后并没有发生革命性的变革。直到1519年米开朗琪罗被委任建造圣洛伦佐教堂的新圣器收藏室以及劳伦扎纳图书馆，当时的建筑才逐渐与先前的形式分离，产生新的托斯卡纳建筑风格。米开朗琪罗·布奥纳罗蒂（1475—1564年），以雕塑家的身份成名，之后成为画家和建筑师。他在美第奇家族创办的圣马可教育机构中接受了古典雕塑的培育，享受新柏拉图派哲学的熏陶。在此之后他受到委托，奔赴罗马参与了朱利奥二世陵墓的建造工作，并接着完成了西斯庭礼拜堂的壁画绘制。当他结束在罗马的长期逗留之后，以大师的身份重新回到了佛罗伦萨。在这个托斯卡纳城市中，米开朗琪罗受到莱昂内十世的赏识，在1516年被委托建造圣洛伦佐大教堂的外立面。而在1519年乌尔比诺公爵洛伦佐·迪·皮耶罗·德·美第奇去世之后，米开朗琪罗被委托建造圣洛伦佐教堂的新圣器收藏室。

81页上图

**米开朗琪罗·布奥纳罗蒂，圣洛伦佐新圣器收藏室，1519年，佛罗伦萨，意大利**

在洛伦佐去世之后，红衣主教朱利奥，也就是将来的克莱芒特七世成为佛罗伦萨的统治者。在他想要为美第奇家族建造新陵墓的意愿之下，米开朗琪罗被委托建造了新圣器收藏室。建筑师以布鲁内莱斯基设计的旧圣器收藏室为原型，建造了一个带有穹顶的正方形对称结构的建筑作品。这个新圣器收藏室的设计方案比较复杂，米开朗琪罗为了给内部空间创造出高耸挺立的视觉效果，在弦月形线脚的下方建造了一个雅致的空间。旧圣器收藏室的组成十分清晰明了，墙体连接处被古典建筑手法所处理。然而到了新圣器收藏室，空间的整体构成就显得含糊不清，装饰物脱离于建筑结构而单独存在。

左图

**米开朗琪罗·布奥纳罗蒂，劳伦扎纳图书馆前厅，始于1523年，佛罗伦萨，意大利**

1523年朱利奥·德·美第奇被推选为教皇，在此之后，这座图书馆就开始建造。该建筑主要由三部分组成：前厅、阅读室以及平面上呈三角形的珍贵书籍收藏室，然而此书籍收藏室没能得以建成。在这个狭窄的前厅中，墙体的布局和装饰赋予其垂直方向的强烈观感。这三部分的墙体打破了传统中世纪的教规，带有浓厚的古典建筑气息：柱顶呈现陶立克样式，而底部则是科林斯样式的高耸圆柱嵌入墙体，与之相交替的是带有壁龛且从下往上逐渐变细的壁柱。为了设计出图书馆前厅美轮美奂的大阶梯，米开朗琪罗设想了无数的方案，并最终由阿曼纳蒂在1559—1560年建造而成。呈椭圆形的大阶梯由火山熔岩浇铸而成，其大气华美的造型为图书馆的前厅增色增辉。

**米开朗琪罗·布奥纳罗蒂，劳伦扎纳图书馆阅读室，始于1523年，佛罗伦萨，意大利**

图书馆阅读室简洁明了的形态与极具造型感的图书馆前厅形成强烈的对比和反差。除此之外，光线、比例和体块的不同使得二者的反差更为明显。阅读室的墙面带有一系列的陶立克式壁柱，而长方形规整的壁龛则位于壁柱之间窗户的上方，整体墙面洋溢着和谐的韵律。阅读室两个短边分别开有大门，而门的样式具有明显的米开朗琪罗风格。阅读室的花格天花板是根据教皇的意愿最后才建成的，但依旧出自大师米开朗琪罗之手，带有古典装饰的传统屋顶在罗马已经广泛流传，而米开朗琪罗设计的这个阅读室屋顶则独具一格，个性鲜明。

# 模仿主义和反宗教改革时期的建筑

        在教皇朱利奥二世和莱昂内十世的引导下，一场为时短暂但却高度紧张的智力较量在 16 世纪初期罗马的历史舞台上如火如荼地展开。对持续而永恒的古典文化的研究在 1520 年左右似乎已经走到尽头，难以继续维持。布拉曼特去世之后，其虔诚的弟子们继承了他的理念，将巨大的人文主义文化遗产发扬光大，并因此获得了稳定的经济和社会地位。在与梵蒂冈宫殿有关的建筑设计中，拉斐尔脱离了古代语言与传统教规，为世间奉献出了一件具有实验性意义的作品。因布拉曼特提出的理论，黄金比例以及其他古典建筑语言逐渐遭到废弃，而 1527 年发生的罗马之劫使得大量艺术家离开罗马，推动了布拉曼特理论的进一步发展。这场战争对罗马城的暴力蹂躏在人们心中留下裂痕，导致艺术和建筑从神坛上跌落人间。外国侵略带来的强烈政治和宗教危机最终引发了宗教改革，从而最终导致了理想人文主义的危机。在此大背景下，米开朗琪罗结合 16 世纪晚期手工制造的特性发起了一场新的人文运动，使建筑具备更富戏剧性的表现且丰富的形式。

左图

皮耶特罗·费雷里奥，布兰科尼奥·德·安圭拉宫的外立面，《最具盛名的建筑师在罗马建造的宫殿》，1655年左右，罗马，意大利

这座仅以设计手稿和雕刻作品的形式留存在历史文献中的建筑是由莱昂内十世的随从焦万巴蒂斯塔·布兰科尼奥委托拉斐尔在1519年建造而成的。在其建成之后，被当成16世纪初期建筑的楷模，为之后的民用建筑的发展提供了基础性参考。卡普里尼宫富有特色的结构和法尔内塞宫适度的简明性在这座宫殿都不再适用，取而代之的是复古的外立面装饰和不同建筑样式的叠合，正是这样的造型在16世纪的下半叶在意大利得到了广泛推广。

在经历了罗马之劫以后，建筑调查和设计都随着理论研究的萧条而逐渐走上了下坡路。其中具有里程碑意义的建筑就是1525年建造的德特宫。这座位于曼托瓦的宫殿由费代里科·贡扎加委托建筑师朱利奥·罗马诺设计，但此时以德特宫为代表的一系列古风建筑已经不再具备革新工具的作用，只是用来满足奢华宫廷的功能需求而留存于世。

罗马战乱导致艺术家和建筑师大量流失的同时也促使了罗马文化随着文人的向外扩散而流传到了其他城市，于是新的舞台在罗马之外的城市搭建起来。布拉曼特开创的建筑特色由他的追随者们发扬光大并推向完美的高潮，在这其中，圣米凯利和桑索维诺在威尼托大区的建筑作品十分具有代表性。1526年在维罗纳建成的卡诺萨宫和紧随其后建成的贝维拉夸宫都出自大师圣米凯利之手，他以维特鲁威的理论为根基，视布拉曼特的作品为典范，在古罗马时期维罗纳建筑的基础之上重新赋予建筑华丽的外形。

让我们把视线转向离维罗纳不远的威尼斯，这座城市独特的潟湖地理特性赋予其独一无二的城市景观，而住宅类型建筑也受到其城市独特个性的影响，展现出别具一格的特色。威尼斯的住宅建筑往往具有空间局促且阳光匮乏的局限性，因此自中世纪开始，威尼斯的住宅正立面高层大都带有挑高的窗户以便接纳阳光，给位于中心位置的大会客厅带来光亮，而如此的处理手法早在文艺复兴之前就已经流传，并且在很多情况下都会以带有一个面朝大运河的维特鲁威式庭院。桑索维诺以古典建筑原型为参考，批判性借鉴的同时，根据实地情况设计出了圣马可广场上一系列始于1536年的建筑，并在不久之后的1545年建造了科尔内尔宫。与此同时在罗马，1539年米开朗琪罗在罗马的卡比托利欧广场上建造了一圈宫殿，这些带有巨大柱式的作品都散发着布拉曼特的遗风，具有壮丽雄浑的雕塑造型感。1551年在维奥拉，米开朗琪罗参与了朱利亚别墅的建设工作，并将马达马别墅的空间概念引入其中。16世纪的下半叶，罗马和威尼托大区产生了两种截然不同

85页图

米凯勒·圣米凯利，格里马尼宫，1556—1557年，威尼斯，意大利

宏伟的格里马尼宫殿正立面在建造的过程中被适当调整了高度，比原设计要略矮一些，而其底部的三开间式前厅直抵大运河水域。外立面带有浓厚的威尼斯建筑特色，整体呈现完美的轴对称性，大会客厅的窗户处于中轴线的位置。然而由于建筑地处一块不规则地块，为了在此基础上依旧保持建筑立面的轴对称，建筑师在宫殿的平面布局设计上做出了妥协，使得立面上看位于正中央的大会客厅其实在平面上位于中轴线偏左的位置。通过如此设计，建筑师成功地利用建筑外立面的轴对称掩盖了其内部空间潜在的非对称性。

的建筑趋势。在首都罗马，1546年圣加洛去世之后，其建筑师晚辈们都参考他的设计理念进行建筑创作。而在威尼托大区，委托方不同于罗马的建筑需求以及建筑大师帕拉第奥的出现催生了新的建筑形式。

建筑大师帕拉第奥拥有深厚的历史文化底蕴，他从维特鲁威的建筑出发并通过理念革新达到了自己独特的高度，向世人贡献出了诸如建于1542年的提耶内宫等建筑佳作。除了在建筑设计的诸多建树，在建筑理论方面帕拉第奥也有颇多贡献，如他参与了达尼埃莱·巴尔巴罗主持编辑的维特鲁威《建筑十书》的制作过程，并在1556年将其出版。

帕拉第奥在设计建筑物的过程中以轴对称为核心思想持续进行着调查研究和实验，按照从前厅到大厅，再到环柱中庭的传统室内布局规划着建筑物的空间，并在此基础上发散出不同的平面设计方案。建筑外形的革新历程也是向古典建筑模型逐渐靠拢的过程，雕塑作品开始出现在立面半圆柱的上方，颇具古代凯旋门的风采。

威尼托大区的贵族们在16世纪的下半叶逐渐开始离开城市，向更为经济和简便的郊区发展他们的府邸。在此环境之下，帕拉第奥的古风建筑开始向郊区扩散，许多乡间别野开始展现出古典建筑的魅力。

古罗马万神殿中心集合、孤立、圆润饱满的特性对这一时期的建筑产生了重要影响，宗教性建筑的光辉照耀温润着民用建筑。经过长达一个世纪的设计实验，

上图

**安德烈亚·帕拉第奥，基耶里凯蒂宫，1550年，维琴察，意大利**

宫殿在平面上呈长方形延伸，其正门位于长方形较长的一边。一系列自由圆柱面朝街道，组成拱廊。建筑的第二层上有两个呈轴对称的敞廊与底楼的拱廊相对应，而在这两个敞廊的中间，坐落着一个突出的实心块体。帕拉第奥在孤立的广场边建造出这个带有两层古典廊柱的宫殿，将维特鲁威和其他古代建筑论述家所描述的古风建筑的特性赋予基耶里凯蒂宫，使其重现卓越而特殊的建筑类型特点。基耶里凯蒂宫别具一格的外形之后从未被复制，可谓帕拉第奥的独特杰作，代表着别墅和市民建筑这两种住宅类型的完美结合的同时，也证明了这位建筑大师具有将古典模型重新加工，有着使之重焕光彩的独到能力。

住宅建筑的功能性得到了进一步完善，并找到了作为人类住所的建筑尊严。

## 在反宗教改革的背景下衍生出的宗教建筑

  针对加尔文教派主义和路德教派主义，1545 年罗马教皇保罗三世在特伦托召开了特伦托宗教会议，就艺术和建筑方面制定了严格的教规，并建议将传统宗教建筑转型成新派宗教建筑。

  米兰大主教卡尔洛·波罗梅欧在 1572 年左右发布的《教堂建筑》和《装饰建造指南》二书将教皇口述的教义转化为文字，进一步指导了这一时期的教堂建造。在 1561 年由维尼奥拉为伊纳乔·迪·罗耀拉的耶稣会建造的罗马耶稣教堂从某种程度上推动了这本书的完成。这段时期的教堂重回中心集合的礼拜式样貌，并且多音调教堂音乐也得到了广泛的推广。在此背景之下诞生的耶稣教堂采用了宽阔却简短的殿堂，耳堂与连接着的一系列小礼拜堂具有相同的宽度，以此确保圣坛能最大限度地被前来集会的信徒们观看到。维尼奥拉在 16 世纪 60 年代确立下来的教堂式样有幸成为模板。由建筑师提巴尔第严格按照米兰主教卡尔洛·波罗梅欧的要求，建造而成的米兰圣费德勒教堂就是这样一个例子。

  帕拉第奥在威尼斯建造的两座宏伟的教堂分别是 1565 年建成的圣乔治大教堂和 1577 年建造的救世主大教堂。建筑师在建造时将巴西利卡式教堂的布局与教

上图

**巴尔托洛梅奥·阿曼纳蒂，美第奇阿尔品奇奥别墅，1576年，罗马，意大利**

  16 世纪后半叶，随着古罗马时期雕塑等历史古物在罗马城附近的乡间陆续出土，一场古典装饰风在建筑界开始兴起，并影响了大量的建筑物的建造活动。由费迪南德·德·美第奇下令建造的阿尔品奇奥别墅就是一个经典案例。这位别墅的主人斥资建造了这座别墅用来收藏、存放其为数众多的一系列雕塑和古董物件。别墅面朝花园的外立面带有丰富的装饰，一系列古典风格的浮雕为其蒙上一层古建筑的面纱。

权主义的规则相协调，赋予教堂古典壮丽的形象。圣乔治大教堂从平面布局来看，由3个完全不同的功能分区组成——带耳堂的中殿、圣坛区和唱诗台。

　　而在之后建造的救世主教堂中，平面布局得到了延长，古罗马帝国风的宏伟气派得到了更完美的展现。教堂中殿带有桶形拱顶，两侧小礼拜堂的入口守卫着巨大的圆柱，而圆柱的上方三分式窗户由古罗马浴场的开窗演变而来。如此的构造以和谐的韵律一直延续扩张到教堂尽头宽敞的圣坛区，并以唱诗台的一列圆柱屏障作为完结，为这件具有古罗马之风的建筑作品画上华丽而简明的一笔。威尼斯的圣乔治大教堂和救世主大教堂体现出帕拉第奥这位来自帕多瓦的建筑师建造巴西利卡式教堂的独特功力，他为16世纪的宗教建筑设计做出了不可磨灭的突出贡献。

## 关于建筑的论述：论文、手册、纲要

　　在经历了16世纪初期一系列的社会动荡之后，位于人文主义世界的建筑逐渐走下神坛，进入了广大群众的生活并日趋普及。而文艺复兴建筑的可复制性也推动其自身向其他国家的扩散，成为欧洲建筑的经典形象。

　　赛巴斯蒂亚诺·基耶里凯蒂自1537年开始发表了一系列建筑论述，以设计图为中心内容且配有简明的文字叙述，并在问世之后立刻取得了巨大的反响。1541年这位大师动身前往法国，而他在法国的逗留更是促进了其作品在阿尔卑斯山以北的欧洲地区广泛流传，产生深远的影响。

　　塞利奥的书籍被翻译成英语和法语，通过通俗易懂的语言将古典建筑元素呈现在大众读者面前。其作品着重以图纸的形式重现了古代建筑样式的光辉面貌，文字论述虽然十分精简，但是却担当着图纸解说词的重任。塞利奥出版的书籍作品对当时其他学者的著作产生了深刻的影响，维尼奥拉在1562年出版的《五种建筑样式规范》就是其中一例。塞利奥对古典建筑样式的描述和对建筑构建元素的勾画对维尼奥拉的创作起到启示性作用。而后者则在前者的基础上减少了调查研究的范围，采用更具总体意义的样本得出关于古典样式的总结性结论，对之后近三个世纪的建筑学者都产生了引导作用。

建筑师安德烈亚·帕拉第奥（1508—1580年）所处的年代已经超过了初期人文主义时代的范畴，而他学术研究的中心则为古典的生活哲学。帕拉第奥在人文主义大师吉安·乔治·特里希诺的门下接受古典教育，在维特鲁威的个人崇拜中成长，这两位先辈对帕拉第奥起到了引导和守护的作用，使其建筑作品熠熠发光。特里希诺著有一系列具有古典诗词风格的文学作品并创立了一个专家学院，而学院就位于其住所克里科里别墅，这座别墅的房间以古希腊语和拉丁语题词作为装饰，古典而优美。帕拉第奥的一生都没有停止过对古罗马建筑遗迹的研究，在威尼斯文学家达尼埃莱·巴尔巴罗1556年翻译出版的维特鲁威《建筑十书》中，帕拉第奥献上了自己精心绘制的插图。在1570年帕拉第奥出版了自己雄心勃勃的著作《建筑四书》，这部散发着浓厚人文气息的作品内容涵盖了关于建造艺术的所有领域，细致描述着不同的建筑样式的同时，也以插图的形式剖析了从古至今的经典建筑佳作，上至古罗马建筑下至当时的新式建筑，其中也包括帕拉第奥自己的建筑作品。整部书清晰明了，细致到位，可以说是前所未有的佳作。这位来自帕多瓦的建筑师以数学比例和音乐韵律作为其建筑创作的科学依据，在维特鲁威和阿尔贝蒂的理论基础上进行重新创作，从对称的几何平面布局出发，引申出双轴线的设计概念。帕拉第奥基于知识的普遍性和实际建造的情况所设计的建筑平面图和立面图十分具有可复制性，因此成为之后各个时代的建筑师争先模仿的对象。他的建筑作品在整个欧洲都享有盛名，尤其在英国获得了广泛的关注。伊尼戈·琼斯在深入研究帕拉第奥的作品之后，将其推举成为17世纪英国建筑设计的重要参考来源。

**上图**

**赛巴斯蒂亚诺·基耶里凯蒂，《建筑规则第七册》，第四十二章，1575年**

赛巴斯蒂亚诺·基耶里凯蒂的这部著作中包括关于不同种类建筑外立面决疑法的论述。其中很有特色的一种外立面就是有"威尼斯风格建筑"之称的赛利阿纳式开窗立面，这种三段式结构的两端带有横梁，中部呈拱形，这样的设计往往被运用在敞廊上。赛利阿纳式敞廊由基耶里凯蒂首创并在威尼托大区和伦巴第大区投入建造，之后得到帕拉第奥的青睐并被其广泛使用到建筑设计中，并且由此得到了现在广为人知的另一个名字——帕拉第奥母题。在此样式中，一个券位于中心位置而两旁呈轴对称分布着以圆柱为支撑的两个或多个柱顶横檐梁。

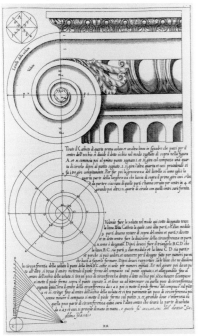

**左图**

**雅各布·巴罗齐·达·维尼奥拉，《五大建筑样式规则》中的第19和第20张设计图，1562年，罗马，意大利**

16世纪中叶发生的深远文化变革在维尼奥拉的设计图上可见一斑，图纸反映着作者科学严谨的制作态度，而其使用的清晰明了的逻辑分解法也跃然纸上。将建筑规范化建造的意图使得以古典为模型的建筑开始走向普及化生产的道路，并且逐渐超越了意大利的边界，开始走向欧洲其他国家。从此以后，建筑与弗朗切斯科·迪·乔治·马丁尼所构思的人文主义世界渐行渐远。

# 朱利奥·罗马诺

　　随着费代里科公爵政治权力的巩固和上升，朱利奥·罗马诺于 1519 年成为曼托瓦文艺复兴的主角。作为拉斐尔在罗马最主要的建筑合作者，朱利奥在罗马建造了诸如巴尔达萨雷·图利尼别墅、兰特别墅、斯塔迪·马卡拉尼宫等贵族府邸。艺术家巴尔达萨雷·卡斯蒂廖内在 1524 年移居曼托瓦后，成为朱利奥在费代里科公爵面前忠实的拥护者。在曼托瓦这个伦巴第大区小城，朱利奥在很短的时间内就一举成为建筑界绝对的主角人物。费代里科公爵对朱利奥给予充分的信任和支持的同时，向其委派了许多具有重要意义的建筑设计任务，并提供丰厚的资金酬劳和尊贵的社会地位。朱利奥设计了马尔米罗洛宫和德特宫，翻新了贡扎加城堡的一些重要部分，并且在费代里科公爵委派的任务中，为室内场景布置和剧院舞台设计方面提供了完美的装饰设计方案，朱利奥多面性的才能由此可见一斑。朱利奥离开拉斐尔独自工作后所创作的建筑作品大都展现出自主的建筑语言风格，虽然其语言与古罗马模型有着密切关联，但是经过朱利奥的润色，却平添了一分灵活多变的特色，而建筑精致优雅的细节则透露出建筑师对古典建筑语言娴熟的驾驭能力。朱利奥建筑作品中体现出大量偏离传统教条规则的大胆尝试，而这也成为他独特的设计风格，给其作品烙上个性鲜明的烙印。1545 年，朱利奥受到教皇的委派，成为建造圣彼得大教堂的总负责人，由此这位大师走向了其职业的巅峰。

下图

**朱利奥·罗马诺，图利尼·兰特别墅，约1521年，罗马，意大利**

　　朱利奥为富豪巴尔达萨雷·图利尼所建的别墅坐落在古罗马诗人马提纳尔的故居附近。别墅敞廊中的一块石碑通过引述这位拉丁语诗人的作品来纪念他，呼唤人文主义追求的同时也表明了这座别墅以古代废墟作为选址的独特性。别墅的造型方正有序，其外立面上两种不同样式的支撑结构分隔窗户的同时也给整体空间带来和谐的韵律。建筑第一层上的正门位于立面的中心位置，两个半圆柱支撑着门上方的券，气派而优雅，一对陶立克式大型圆柱分别把守在其两旁。同样位于一层的两扇窗户简洁而轻盈，然而其向外凸起的窗框却显得较为沉重。外立面的第二层相对而言建筑样式更为丰富和精致，一排排带槽的爱奥尼式壁柱分隔着各个窗户，而窗户窗框上采用了柱顶的涡形装饰。

上图和右图

**朱利奥·罗马诺，德特宫外部视图和平面图，1525—1535年，曼托瓦，意大利**

贡扎加家族的这座宏伟宫殿坐落在曼托瓦城门附近的一个名为德耶托的平原之上，这块土地在转型成宫殿之前被当作农业用地主要用来驯养马驹。从平面布局来看，这座宫殿是住宅和花园的集合体。正方形的部分为居住区，围绕着宽敞的中心庭院布置着一圈房间。另外的花园部分两翼为狭长的长方形，而花园的尽头则是一个7世纪的古老半圆形回廊。一些细节明显地透露出建筑师向古典作品致敬的意图，如同马达马别墅一样，德特宫也同样引用了许多古典建筑元素，比如正门的三段式入口就严格参考了弗拉焦孔多翻译编辑的维特鲁威《建筑十书》中对古罗马建筑前厅的描述。而朱利奥对古建筑元素的创新则体现在他使用了砌琢石这种材料来填补墙面，并且他也没有使用在黄金规则下的传统对称布局方式。朱利奥用略显激进的方式背离传统设计方法，对窗户以及支撑结构进行变体设计，赋予了建筑不同寻常的韵律。

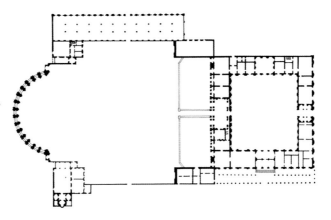

右图

**朱利奥·罗马诺，德特宫大卫敞廊，
1525—1535年，曼托瓦，意大利**

　　大卫敞廊面朝鱼池，并且位于面朝花
园的宫殿东立面。柱顶带有富丽堂皇的精
致装饰的两排陶立克式圆柱支撑着上方3
个宏伟的赛利阿纳拱，而拱的前身则为笔
直的阁楼组成部分。敞廊里的拱和半月窗
部分的插图讲述了大卫从出生到1532年
逝世的一生所经历的片段。在这之后的不
久，大将军卡尔洛五世迪·阿斯布尔格第
二次来到曼托瓦。因为侯爵掌握着波河一
带一个小型领土的统治权，所以在他的引
导之下兴起了一股古罗马帝国风的装饰热
潮。在这场运动的影响下，曼托瓦建筑特
色从象征形态和肖像形态上，都逐渐向古
罗马建筑靠拢，将费代里科及其领土的荣
耀推向新的高峰。

# 在罗马工作的米开朗琪罗

在经历过 1527 年的罗马之劫后，罗马整个城市都蒙上了一层极度屈辱的阴影，政治和文化的双重危机席卷着这个古老城市长达数年之久。直到 1534 年 9 月，红衣主教阿列桑德罗·法尔内塞通过选举登上教皇的宝座之后，罗马终于开始重获生机。

被称为保罗三世的阿列桑德罗·法尔内塞在上位之后重启了许多建筑修复和更新项目，其中就包括用以颂扬法尔内塞光辉与荣耀的家族教堂建造活动。罗马再次成为建筑师们偏爱的城市和工作的目的地，许多建筑师和建筑界学者都纷纷赶来罗马，他们在研究古建筑遗迹的同时，也纷纷投入到众多新建筑的建造项目中去。皮罗·利高里奥、祖卡里兄弟、维尼奥拉和帕拉第奥都前往罗马，如火如茶地参与到建筑设计的工作中。而在 1545 年教皇保罗三世召开的特伦托宗教会议上，建造天主教教堂的基本原则和规范得到了坚定的重申，在此严格规则的引导和管制之下，罗马在这一历史阶段涌现出契合人文主义准则的建筑建造新趋势。

在教皇提出的城市新规划项目中，也包括恢宏壮丽的法尔内塞家族府邸的重新修缮。法尔内塞家族府邸的建造活动在 1535—1541 年展开，安东尼奥·达·圣加洛受委托亲自操刀设计了府邸之前尚未建完的部分，他通过大量的拆除活动，为该府邸的正门腾出空间并且建造了一个宽阔的大广场。1534 年，米开朗琪罗前往罗马开始新的工作生活。在这之后的一年，他正式获得了教皇的委派，前往西斯庭礼拜堂绘制《最后的审判》。1546 年圣加洛逝世之后，米开朗琪罗接替了他的工作，成为圣彼得大教堂以及法尔内塞宫的总负责建筑师。与此同时，米开朗琪罗还肩负着重建卡比利欧的工作。这几项具有非凡意义的重大建筑项目陪伴着米开朗琪罗，直到其 1564 年与世长辞。

95页图

**米开朗琪罗·布奥纳罗蒂，圣彼得大教堂穹顶，罗马，意大利**

米开朗琪罗设计的圣彼得大教堂穹顶的外部环有一圈巨型科林斯式壁柱，而与此相对应的则是其垂直下方位于教堂中心十字区的庞大讲道坛。高耸的鼓形柱矗立在四周围墙之上，而窗户则位于一排排二重柱之间，这些建筑元素和柱顶横檐梁以及穹顶的肋拱一道，突出展示了建筑的结构之美。米开朗琪罗参考了布鲁内莱斯基设计的佛罗伦萨圣母百花大教堂的穹顶，明显地引用了其几何构造方式，并且赋予圣彼得大教堂穹顶雕塑般的造型感和亮暗分明的庄严肃穆之感。与之后继承米开朗琪罗之位的布拉曼特相比，米开朗琪罗的方案更具革命性，并向马代尔诺和贝尼尼这两位建筑师提供了灵感和设计的起点，为长达百年的教堂建造打下坚实的基础。

左图

**米开朗琪罗·布奥纳罗蒂和小安东尼奥·达·圣加洛，法尔内塞宫庭院，始于 1546 年，罗马，意大利**

米开朗琪罗在圣加洛去世之后接手了法尔内塞宫未完成的部分，这些未完成的建造包括宫殿朝向花园的立面、宫殿立面的巨型窗户和最后两个楼层及其檐口。在圣加洛已经建成的中间层，米开朗琪罗加设了带有垂花装饰的柱顶中楣；而在建筑的最后一层，米开朗琪罗重新设计了科林斯式样凸起状壁柱。米开朗琪罗的建筑语言超越了古典的纯净，具有丰富的结构造型感，可谓别具一格，独领风骚。他通过精雕细刻制作出来的窗户具有划时代的美感，推动了 16 世纪后期建筑的发展。

EM·PRINCIPIS·APOST·PAVLVS·V·BVRGHESIVS·ROM

**米开朗琪罗·布奥纳罗蒂和贾科莫·德拉·波尔塔,保守宫,设计于16世纪30年代,罗马,意大利**

在卡比托利欧广场,米开朗琪罗通过在保守宫、新宫和参议院宫的外立面使用庞大的柱式,达到了整个广场和谐统一的视觉效果。保守宫的正面由贾科莫·德拉·波尔塔主持建造完成,建筑的底层为下楣结构的拱廊,由爱奥尼式圆柱支撑并在立面被一系列科林斯式壁柱分隔,这些巨大的壁柱完整地跨越两个楼层的高度,直抵建筑顶端的檐口,营造出庄严神圣之感。

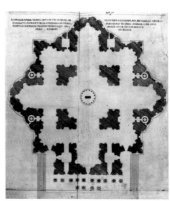

**斯特凡诺·杜培拉克,根据米开朗琪罗方案而绘制的圣彼得大教堂平面图**

米开朗琪罗接手圣彼得大教堂的建造项目之后,对原本的工地建造计划进行了生硬的改变,甚至直接拆除了之前1519年安东尼奥·达·圣加洛和拉斐尔设计的教堂南侧的半圆形结构,因此导致了圣加洛助手们的不满和离去。在米开朗琪罗的方案中,他使用了教堂本已存在的结构,并在布拉曼特的方案上做出些许改动,回归到古典式的五点梅花形式平面。米开朗琪罗简化了圣加洛构思的巨型机器,基于希腊十字平面样式在教堂的后殿位置建造了一个由宏伟柱子支撑的正方形回廊。

# 在佛罗伦萨工作的瓦萨里

科西莫·德·美第奇为乔万尼·达莱·班代·内雷和"华丽公爵"洛伦佐的一个外孙女所生，被称为科西莫一世的他在 1537 年登上了权力的宝座，而佛罗伦萨和美第奇家族在他的统治之下重新焕发出光彩。科西莫一世更新城市建筑面貌的一个实用性工具是他 1551 年颁布的一项征集房产和土地的法令，在这个法令实施之后，新建筑如雨后春笋般出现在佛罗伦萨大公爵国的领土上，带来焕然一新的城市新风貌。科西莫一世想要振新佛罗伦萨城和美第奇家族的美好意愿在建筑业找到出口，并在 16 世纪初期与乔治·瓦萨里、巴尔托洛梅奥·阿曼纳蒂、贝尔纳多·布翁塔伦蒂等艺术家达成一致并形成联盟，共同打造佛罗伦萨美好的蓝图。1511 年生于阿雷佐的瓦萨里是一位全才，身兼雕塑家、绘画家、建筑师的身份。他师从米开朗琪罗，并在 1564 年米开朗琪罗去世时为其组织了一场庄严肃穆的葬礼。具有多方面才能的瓦萨里在他的一生中不知疲倦地为科西莫一世服务，贡献出一件又一件的佳作，可谓不可多得的杰出人才。在科西莫一世引导的佛罗伦萨城市改造中，普里奥利宫被征用并被重新改造成如今的旧宫，而建筑的一部分被改建成总督府投入使用，而在其之后乌菲齐宫的建成则标志着科西莫一世的统治向专制主义进行转变，而正是在瓦萨里的协助之下，佛罗伦萨的市民机构开始逐步落入美第奇的权力手中。

下图

**乔治·瓦萨里，旧宫五百人议会厅，始于 1555 年，佛罗伦萨，意大利**

科西莫一世想要建造一座更具代表性的宫殿的需求，推动其在 1540 年废弃了位于拉尔伽路上的美第奇住宅，并对建于 14 世纪的普里奥利宫进行重新改建，将之转型成美第奇家族豪华的新住宅。在对这座宫殿的改造计划中，建筑师原封不动地保留了建筑原本的中世纪外貌的同时，运用壁画和灰泥着重休整了宫殿的内部，赋予其奇迹般的光辉。而在整个重建工程中，最为重要的一项工作就是对五百人议会厅的改造。这座议会大厅由克罗纳卡始建于 1494 年，并由瓦萨里对其进行该重新改造，使之满足承办美第奇家族继承者弗朗切斯科和焦万纳·迪·阿乌斯特里亚婚礼的需求。经过重新设计的议会大厅的天花板被抬高到距离地板 7 米的高度，并被赋予富丽堂皇的花格顶装饰。

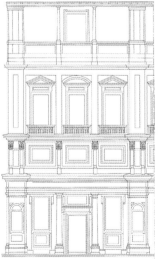

左图和上图

**乔治·瓦萨里，乌菲齐宫的平面图、立面图以及外部细节图**

乌菲齐宫在建成之后，被当作城市的主要司法机关投入使用。乌菲齐宫的建立展示出科西莫想要将城市财政和共和制度纳入自己掌控之中的野心。乌菲齐宫位于阿尔诺河边，并且紧邻政治权力中心。作为办公之用的功能空间一个一个互相紧挨，并在总体平面布局上呈长条形分布。与办公室相对应的空间模度从外立面上看，则呈现出三分式的布局，十字形的柱子将三个横梁式结构的圆柱框成一个整体。

左图

**乔治·瓦萨里，乌菲齐宫，1560年，佛罗伦萨，意大利**

这座长达 150 米的恢宏建筑由两个不同规模的侧翼组织构成，在这两个侧翼的包围下形成一个带有拱廊的狭长广场，而广场的尽头矗立着一个双重样式的帕拉第奥母题，朝向阿尔诺河的同时，自然地将广场空间围合封闭起来。瓦萨里将这座建筑设计成狭长形延伸的形态，而不是当时常见的带有庭院的回形形态，是为了最大限度地保证不破坏周围已经存在的建筑布局，并且节约建造的时间和经济成本。在实用主义思想的影响下，文艺复兴建筑的设计准则被瓦萨里搁置，因此清晰明了的自由布局方式得以采用。瓦萨里在乌菲齐宫的立面设计上沿用了布鲁内莱斯基和米开朗琪罗使用过的双色构造法，赋予这座建筑以佛罗伦萨传统的韵律之美。整个建筑面朝阿尔诺河的一边通过半闭半合的设计，在视觉上将城市的政治中心——领主广场和阿尔诺河以及河对岸的奥尔特拉诺山丘联系到了一起，与此同时也暗示了连接旧宫和碧提宫的瓦萨里长廊，这座空中走廊的存在。

# 阿曼纳蒂和布翁塔伦蒂

随着科西莫一世在佛罗伦萨主导的城市更新如火如荼地展开，1555年还在罗马工作的巴尔托洛梅奥·阿曼纳蒂（1511—1592年）被瓦萨里召唤回佛罗伦萨开始施展拳脚，为故乡添砖加瓦。瓦萨里和阿曼纳蒂这两位大师一起共事，合作建造了朱利亚别墅。阿曼纳蒂师从雅各布·桑索维诺和班迪内利，在接受古典文化熏陶的同时也拥有着丰富的实验性经验，从事建筑和雕塑的工作。在佛罗伦萨，米开朗琪罗的劳伦扎纳图书馆前厅设计被奉为经典，整个城市都弥漫着一股浓厚的文化气息，阿曼纳蒂回到他的故乡之后，收到了许多来自富裕阶层的订单，甚至有一些来自外省。而这些建造任务的委派得归功于科西莫一世宣传的城市更新政策，整个佛罗伦萨城的面貌正在悄然发生着变化。

比阿曼纳蒂更为年轻的贝尔纳多·布翁塔伦蒂（1536—1608年），在1574年从瓦萨里手中接手了乌菲齐宫的建造工程，并在佛罗伦萨城市防御工程的更新建造上展露出非凡才能，除此之外，他也在里窝那的城市扩张工程中，为城市建造了一个五边形的防御城墙。

左下图

**巴尔托洛梅奥·阿曼纳蒂，瑞士庭院正面，市政厅，1576年，卢卡，意大利**

1576年卢卡火药塔发生的爆炸损坏了市政厅，因此阿曼纳蒂被委托建造了新的卢卡市政厅。在这个新的设计中，两个建筑体块一同朝向一片广阔的庭院，市政厅的外立面的底层嵌有一对壁龛，而装饰有动植物花纹的铭文则位于其上方。立面的第二层布置有一系列长方形的窗户，而帕拉第奥母题则位于整个第二层立面的正中位置。如此的布局体现出阿曼纳蒂独有的建筑语言。

102页右下图

**贝尔纳多·布翁塔伦蒂，波波里花园洞穴，始于1583年，佛罗伦萨，意大利**

壮观的波波里花园洞穴由瓦萨里和布翁塔伦蒂共同完成，瓦萨里建造了洞穴正面的下半部分之后，1583年布翁塔伦蒂接手继续完成接下来的其他部分。这个人工洞穴是集绘画、雕塑和建筑于一身的产物，以物质的非固定形态为主题，体现着自然界的混沌状态的同时，也展示出生态和谐的秩序。自然与艺术、混乱与和谐这两组对立是炼金术文化的典型主题，深得弗朗切斯科公爵之心。在炼金术文化的影响下，这件建筑作品带有热情奔放的模仿主义装饰，无序感由建筑的外壳蔓延至内部空间。远古的熔岩从顶部滴落，凝结在半空，引起观者的无限遐想。在这个人工洞穴中，最具重要意义的作品要数米开朗琪罗设计的囚禁之房，其中存放着大量以水为主题的装饰和雕塑，然而可惜的是如今都已丢失，不复存在。

上图

**巴尔托洛梅奥·阿曼纳蒂，碧提宫庭院，始于1560年，佛罗伦萨，意大利**

这座以布鲁内莱斯基作品为模板的壮观宫殿原本属于卢卡·碧提，然而由于宫殿主人的去世，始终未能完成。在美第奇家族接手这座宫殿之后，决定将其作为家族的第二个住所，并在1549年开始了一系列扩建工程。阿曼纳蒂在1560年接替瓦萨里成为整个工程的负责人，他在15世纪的建筑体块基础之上，紧挨着现存的建筑加上了两个全新的侧翼，因此整个宫殿的宽度扩大了近一倍。新宫殿背后设有一个面朝波波里花园的宽阔庭院，面朝庭院的建筑立面由石头构成，这些砌琢石纵向延伸的同时也朝建筑的上两层发散，但却逐渐趋于稀疏。一系列半圆柱嵌在这些砌琢石构成的立面上，具有类似于桑索维诺设计的铸币厂的造型感。

# 雅各布·巴罗齐·达·维尼奥拉

维尼奥拉在 1550 年中途放弃了圣彼得罗尼奥教堂的建造工作，并离开博洛尼亚前往罗马追随乔万尼·玛丽亚·德尔·蒙特，而后者之后成为教皇保罗三世。建筑师与教皇的合作可以追溯到当年二人在博洛尼亚的相识，而这个城市对于曾经作为红衣主教的教皇来说，具有第二重要性。维尼奥拉为教皇保罗三世服务期间，建造了许多奢华的建筑，如 1550 年建于罗马城门附近的一个郊区别墅，就是教皇为了存放自己收藏的各式古董，而委托维尼奥拉专门建造的。维尼奥拉精通建造技术的同时也身怀造型加工的绝技，可谓具有专业素养的建筑大师，也正因如此，他在短短几年之间就成为罗马建筑界璀璨的明星，收到了许多建造委托。作为深受教皇信赖的建筑师，维尼奥拉也得到红衣主教亚历山德罗和拉努奇奥两位教皇侄子的青睐，他在罗马被授予测绘法尔内塞宫的光荣任务，并且对宫殿进行了进一步加工和完善。1565 年，拉努奇奥退出了法尔内塞宫重修计划的领导团队，由亚历山德罗一人负责监督法尔内塞宫的建造。亚历山德罗是罗马教廷的一位具有权势并且雄心勃勃的红衣主教，在他的委派下，维尼奥拉创造出了许多极具重要性的建筑作品，如位于卡普拉罗拉的一座法尔内塞家族别墅、皮亚琴察宫和耶稣教堂等。1562 年维尼奥拉的著作《五种建筑样式规范》一经发表就获得了巨大的反响，好评如潮，并将维尼奥拉推向了事业的巅峰。1573 年维尼奥拉去世之后，他被安葬于罗马的万神殿。

**左图**

**雅各布·巴罗齐·达·维尼奥拉，位于弗拉米尼亚路上的圣安德烈亚教堂，1552—1553 年，罗马，意大利**

教皇朱利奥三世想要在其新别墅附近建造一座教堂，于是就将这一任务委派给了维尼奥拉。教堂呈长方形的布局，而其入口则位于其中的一个短边上。在该建筑简洁的外表之下，呈椭圆形的穹顶可以说是具有革命性的建造意义。由椭圆形剖面的穹隅支撑着的穹顶充满人文主义色彩，将中心式设计方案与纵向延伸的传统空间相结合，表现出独特的魅力。而这种椭圆形构造不仅局限在内部，在建筑外部也体现椭圆形的影子，如具有古代特色的上楣上方的鼓状穹顶底座、阶梯式下降的屋顶等。而这种椭圆形的建筑样式在经历了一系列实验性尝试之后，在下个世纪得到了广泛传播。建筑的古典外形特色主要体现在外立面上：高耸的科林斯式壁柱支撑着上方雅致的三角形山墙，十分具有万神殿的古典风范。

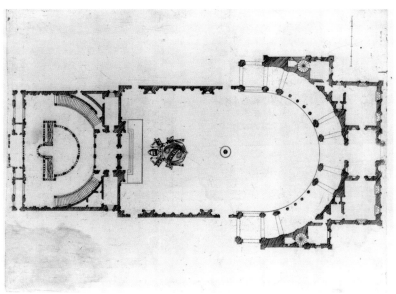

左图和上图

**雅各布·巴罗齐·达·维尼奥拉和巴尔托洛梅奥·阿曼纳蒂,朱利亚别墅平面图及正面图,始于1550年,罗马,意大利**

维尼奥拉为朱利奥三世建造的这座别墅位于罗马城门附近,其建筑尺寸和细节在之后受到瓦萨里和阿曼纳蒂的重新调整。从建筑平面上看,一系列空间沿着纵向轴线分布,并以一个半圆形回廊作为完结,在这个别墅中形成了一个小型城市的样貌。别墅的外立面呈三段式布局,根据透视法的原则,将入口大门确立在画面灭点的位置,从而营造出宏伟壮观的视觉感受。参考了圣加洛设计的凡尔赛宫,这座朱利亚别墅的立面以黄色的灰泥层作为主要的基底,衬托出壁龛和两角的砌琢石,形成维尼奥拉构建建筑外形的独特语言。

## 杰出作品
# 位于卡普拉罗拉的法尔内塞府邸

法尔内塞家族在距离罗马城70千米左右的卡普拉罗拉拥有一片领地，在这片领地上，早在16世纪20年代就矗立着一座由小安东尼奥·圣加洛和巴尔达萨雷·佩鲁齐建造的碉堡，然而始终未能完全建成。这座建筑在平面上呈现五角形，并且在5个顶点分别立有塔楼。1559年，红衣主教亚历山德罗·法尔内塞决定将这座碉堡形别墅作为自己的乡间府邸，于是委托维尼奥拉对其进行重新整修。虽然法尔内塞别墅位于卡普拉罗拉这个中世纪小城的边缘地带，却处于整个城市的制高点，鸟瞰着城市中的其他房屋，体现出法尔内塞家族的绝对权威。

维尼奥拉杰出的设计才能体现在他将这座军事建筑成功地转型成为一栋奢华的别墅：他将碉堡原本的塔楼屋顶恰到好处地转变成为露台；在原本朴素的外立面上得体地添加了两种不同的爱奥尼式壁柱，使其更显优美

与文雅。在平面上位于五边形别墅内部的环形庭院被一圈简洁的拱廊包围着，而拱廊的上方则是另一层拱廊，不过与之不同的是，第二层的拱廊带有爱奥尼式的双圆柱，更富设计感。维尼奥拉在此处参考了布拉曼特设计的卡普里尼宫和梵蒂冈贝尔韦代雷堡，并将塔代奥·祖卡里、费代里科·祖卡里、贝尔托亚和维尼奥拉自己设计的装饰品用来装点这座富丽堂皇的别墅。

别墅的入口位于带有大阶梯的两个大平台之上：一个平台呈现半圆形，宛如敞开的怀抱；而另一个则参考梵蒂冈贝尔韦代雷堡内的大楼梯，带有双层坡道。在别墅的外立面上，首先映入观者眼帘的就是别墅主楼层的敞廊，敞亮的窗户和爱奥尼式壁柱相互交替。若将视线继续上移，便可看到上方用来安置仆人和服务于家庭人员的两个较为低矮的楼层，统一的复合式壁柱排列在楼层的外表，显得整齐划一。

107页图

**雅各布·巴罗齐·达·维尼奥拉，法尔内塞宫内部的螺旋楼梯，1559年，卡普拉罗拉，维泰博，意大利**

在维尼奥拉设计位于卡普拉罗拉的法尔内塞宫时，参考了布拉曼特所建的梵蒂冈贝尔韦代雷堡的构建细节，如庭院的整体布局和连接别墅各个楼层的螺旋状楼梯。在这个形如蜗牛壳的螺旋楼梯中间，陶立克式双圆柱支撑着上方的柱顶横檐梁，并且两者盘旋上升，直达最顶端。奇特瑰丽的壁画装饰着楼梯间的墙壁和拱顶，衬托出法尔内塞家族的恢宏气势。

下图

**雅各布·巴罗齐·达·维尼奥拉，卡普拉罗拉的法尔内塞宫，外立面视图，维泰博，意大利**

# 意大利式花园

意大利文艺复兴式花园起源于威尼托大区，在兴起时主要服务于贵族阶级。15 世纪末期随着古典别墅的复兴，贵族们对狩猎的需求开始增大，并且对用来狩猎的场地质量也有了更高的要求，于是用来休憩和冥想的精致人工花园就应运而生了。事实上，从布拉曼特 1505 年设计的梵蒂冈观景台开始，再到之后的马达马别墅、朱利亚别墅和卡普拉罗拉的法尔内塞宫，建筑师在建造人工花园方面逐渐累积出一系列经验，并意识到作为自然环境一隅的公园有着广阔的发展前景，于是乐此不疲地将几何规则、样式模板以及比例规范运用到花园的设计中去。带有敞廊和庭院的乡间别墅逐渐也开始被花园环绕，而花园中除了花草树木，水池和喷泉也扮演着重要的角色，给整体花园的布景增辉添色，衬托出法尔内塞家族的威望。从 16 世纪中期开始，意大利花园的魅力逐渐扩散到罗马，在宽广精美的花园中央建立奢华别墅的建造模式受到罗马教廷的红衣主教们的青睐，经常被用来宣扬权势与地位。

从 16 世纪末期开始，具有独裁主义王权特色的意大利式花园建造模式开始广泛传播到欧洲其他国家。直到古老独裁制度的衰落以及自然式风格花园的诞生，意大利式花园逐渐走上了下坡路。

右下图
**位于蒂沃利的埃斯特别墅剖面图和总体平面图**

左下图
**意大利花园之景，罗马，意大利**

贵拉拉城的红衣主教伊波利托·迪·埃斯特在被选举成为地方长官之后，决定在拉齐奥大区建造一座符合自己社会地位的府邸。于是 1550 年埃斯特委托建筑师皮罗·利戈里奥在蒂沃利建造了这座埃斯特别墅。在别墅建造项目中，之前存在的修道院得到了翻新和扩张，与此同时，建筑师在别墅前建造了一个广阔而凹凸起伏的花园。利戈里奥根据透视画法的规则，使花园中轴线上的道路将观者的视线引向尽头的别墅入口。埃斯特别墅建造项目对土地的重新规划和改造在当时而言，可谓工程浩大。建筑师利用舞台布景的方法对花园进行了精细的设计，而喷泉和水池在其中扮演了十分重要的角色。

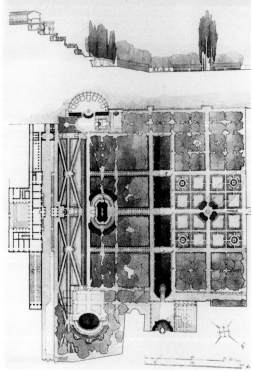

上图

**兰特别墅庄园，始于1566年，巴尼亚亚，维泰博，意大利**

位于巴尼亚亚的这个兰特庄园，是主教们度假的场所，由红衣主教拉斐尔·里亚里奥在1514年下令建造。1566年当焦万·弗朗切斯科·甘巴拉成为维泰博这个城市的大主教之后，从16世纪70年代开始就组织对兰特别墅和其附属花园重新改造。这位大主教任命的主负责建筑师为托马索·契努奇——一位水利工程学专家及花园建筑师，曾经参与蒂沃利别墅的建造。庄园的平面呈现出规整的四边形布局，对称而优美，体现出继埃斯特别墅之后庄园建筑的革新特色。兰特庄园相对同时期的其他别墅而言，布局稍显狭长，沿着轴线方向的纵深长达230米，然而这段距离根据不同的空间特色被合理地划分为3个截然不同的区域。首先进入参观者视线的区域由四面水池组成，在这些水池的中央静坐着一个环形的喷泉，壮丽而雄伟。第二部分的起始端布置有两个狩猎房，而两个狩猎房的中间则是前往花园更高部分的坡道式楼梯。沿着坡道一路前行便可到达一块带有水渠的高地，这片区域依然严格遵守着轴对称布局的规范。顺着这条水渠向花园深处踱步，便可在尽头发现一座海豚喷泉。然而兰特花园并没有在这里结束，如果越过这座喷泉继续上行，就会寻得整座花园尽头的洪水喷泉，在这儿，人工雕塑的痕迹与自然的鸟语花香相映成趣，漫步其中定会心旷神怡。

# 反宗教改革时期的教堂

在特伦托宗教会议之后，意大利神职人员开始加强对礼拜式教堂的外形管控，因此在这一时期建造的天主教教堂的样貌也随之发生转变，进一步趋于教条主义，并深远影响了 16 世纪下半叶教堂的设计。在教堂做弥撒时，祭司的布道仪式和唱诗班的咏唱活动对教堂空间产生特定的需求，从而迫使建筑师们对传统的教堂内部布局进行重新思考和评估。新形式的教堂往往沿着宽敞的中殿纵向延伸，十字形耳堂拥有和教堂相同的宽度。与此同时，一系列的小礼拜堂则自成体系地位于中殿的两侧，并且相互连通，从而避免打扰到礼拜仪式的进行。在反宗教改革时期建成的大量宗教建筑外表朴实无华，符合传统的建筑样式。在这之后的不久，巴洛克之风席卷建筑界，给这些建筑披上了一层别具风味的面纱。1572 年，米兰大主教卡尔洛·波罗梅欧左右官方发布了《教堂建筑和装饰建造指南二书》用以指导教堂的实际建造。罗马作为反宗教改革思想最浓重的城市，孕育出了一批带有该时代特色的教堂建筑，而耶稣教堂则是其中的佼佼者。雅各布·巴罗齐·达·维尼奥拉在 1561 年开始着手建造这座教堂。教堂立面由贾科莫·德拉·波尔塔在 16 世纪 70 年代初期建成，整座教堂的建造工作也最终得以完结。

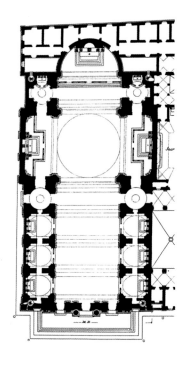

**左图**

**贾科莫·德拉·波尔塔，耶稣教堂，1571年，罗马，意大利**

维尼奥拉在 1571 年提出的耶稣教堂立面设计方案遭到亚历山德罗·法尔内塞的否决，而另一位年轻建筑师贾科莫·德拉·波尔塔的方案则得到了肯定。建筑的外立面被构思成一整块建筑墙体，各种建筑样式陈列其上。建筑师通过对壁龛和入口大门的细心构造，强化了整个立面的中心轴。在这个中轴线的顶端，固定有一枚由巴尔托洛梅奥·阿曼纳蒂打造的徽章，上面刻着耶稣基督的名字。

上图

**雅各布·巴罗齐·达·维尼奥拉，耶稣教堂内部，1561年，罗马，意大利**

110页上图

**耶稣教堂平面图，《现代罗马建筑》，1868—1874年，巴黎，法国**

　　耶稣教堂最初的建造计划可以上溯到1550年，当时纳尼·迪·巴乔·比日设计了一个巨大的教堂中殿。不过当亚历山德罗·法尔内塞成为该教堂的负责人之后，纳尼的方案被予以否决，法尔内塞另斥巨资请来维尼奥拉对耶稣教堂进行重新设计。在维尼奥拉的设计中，长达18米的教堂中殿两侧带有4个小礼拜堂，每个侧边的小礼拜堂之间互相连通，并在顶部覆盖有椭圆形的小型穹顶。在小礼拜堂的上方有一条面向中殿的长廊，栅格状的窗户给长廊提供了更多的私密性，为兄弟会的秘密接头提供了合适的场所。宏伟的布道坛在宽度上与其他教堂相比稍显狭窄，但

是从整体空间上看，位于中心的大穹顶与周围4个小礼拜堂的小穹顶呈现出完美的集中式五点梅花造型。位于曼托瓦的圣安德烈亚教堂内部的半圆拱为耶稣教堂树立了学习的样板，维尼奥拉在耶稣教堂中殿的顶部也使用了相同样式的半圆拱，并由几对双壁柱加以支撑。阿尔贝蒂所特有的建筑特色经由维尼奥拉之手在耶稣教堂得到了重新演绎：具有整体感的教堂顶部开有弦月窗，外部的光线透过窗户轻柔地洒进教堂内部，营造出一种和谐神圣的空间氛围。

# 在威尼斯工作的雅各布·桑索维诺

来自佛罗伦萨的雅各布·塔蒂（1486—1570年）师从安德烈亚·桑索维诺，并因此改名成为雅各布·桑索维诺。他在罗马工作了很长一段时间，在此期间，他耳濡目染地学习了朱利亚诺·达·圣加洛的古典建筑语言，与此同时，拉斐尔、小圣加洛、佩鲁齐、朱利奥·罗马诺这些布拉曼特派的建筑师也对桑索维诺的职业生涯产生了重要的影响。1527年8月，因为罗马之劫的爆发，桑索维诺被迫前往威尼斯。两年之后，桑索维诺受到威尼斯共和国的官方委任，成为共和国城市规划和公共建筑的总负责人。在威尼斯共和国执政官安德烈亚·格里蒂的批准之下，作为城市世俗和宗教中心的圣马可广场一带的建筑得到拆除，从而为桑索维诺雄心勃勃的城市新规划腾出充足的空间。在桑索维诺的城市改革中，他在圣马可广场建造了威尼斯铸币厂、马尔恰纳图书馆、钟楼的前廊以及环绕整个广场的拱廊，可以说是对中世纪的城市中心格局进行了重置。铸币厂、马尔恰纳图书馆以及总督宫拥有着相同风格的外观，并且以底层的拱廊作为纽带相互连接成一个整体。虽然从整体来看，新的圣马可广场不是轴对称规则下的产物，但是桑索维诺建造的这些新的建筑作为背景，很和谐地与圣马可大教堂以及教堂钟楼相呼应。通过桑索维诺的城市改革，新老建筑在圣马可广场上找到了微妙的平衡点，承前启后，共同守护着威尼斯的文明。

左图

**雅各布·桑索维诺，圣马可大教堂钟楼前廊，1537年，威尼斯，意大利**

这个小型前廊位于威尼斯圣马可大教堂钟楼之下，立面的底层主要由4对双柱和3个大门组成，而双柱的每根柱子之间夹有小型壁龛，十分精致。这4组双柱的柱顶横檐梁架起前廊的顶层部分，一系列关于威尼斯共和国的历史故事以浅浮雕的形式被刻画在顶层的外表，流传至今。在桑索维诺设计这座前廊时，学习并参考了他的同乡朱利亚诺·达·圣加洛关于佛罗伦萨圣洛伦佐教堂外立面的设计。

# 在维罗纳工作的圣米凯利

　　米凯勒·圣米凯利（1487/1488—1559年）出生于维罗纳的一个石匠家庭，他奔赴罗马和奥尔维耶托工作一段时间后，又回到自己的家乡，作为工匠总负责人参与了维罗纳大教堂的修建工作。根据瓦萨里的叙述，圣米凯利成功地完成教皇克莱门特七世委派的一项建造防御性建筑的任务之后，声名远扬，并应威尼斯共和国之邀，以一名成功工程师的身份前往威尼斯参与了一项防御工事的建造活动，而后又于1526年回到了自己的故乡维罗纳。16世纪初期的罗马洋溢着浓厚的学术氛围，古典建筑气息吸引了大批学者前往罗马进行文化朝拜，圣米凯利就是众多学者中杰出的人才之一，他与雅各布·桑索维诺一起将古典建筑语言与维特鲁威的思想从罗马引入威尼托大区，并广泛地进行推广。圣米凯利在古典建筑原则的基础上结合自己作为建筑师的经验在维罗纳进行建筑创作，与此同时，他对维罗纳古罗马时期的古老建筑表现出应有的尊重，使新老建筑保持和谐，共同塑造维罗纳优雅的城市形象。维罗纳古城内的竞技场、露天剧院、博尔萨利城门、莱奥尼城门、加维拱门以及焦维·阿蒙内拱门与古罗马废墟一起，成为圣米凯利的史学参考以及设计灵感。除此之外，根据加维拱门上刻的碑文推测，维罗纳很有可能是维特鲁威的故乡，因此这个古老城市被古罗马时期和文艺复兴时期的建筑师们奉为保护神。

左图

**米凯勒·圣米凯利，贝维拉夸宫，维罗纳，意大利**

　　贝维拉夸宫建于16世纪30年代初期，属于维罗纳政治派系中颇为强势的一个家族。有7个跨度的建筑立面是在之前就存在的墙址上建造而成的，而在原计划中，其实存在15个跨度，较之实际建成的宫殿更为雄伟壮观，贝维拉夸家族的威望和权力得到展示。宫殿的外立面无论是底层还是顶层，都通过窗户和支撑物等建筑元素将其浮华的表象显露出来。带有陶立克式壁柱的建筑底层较为粗犷，宽券和窄券相互交替排列，然而从建筑内部来看，窗户的大小都很一致。同样的处理方式也体现在外立面的上层，依然是大券和小券交替排列，但是位于拱顶石正下方的窗户则整齐划一。每个券之间用优雅的科林斯式柱子作为分隔，柱身凹槽的方向与柱子排列的韵律相契合，和谐且自然。

上图

**米凯勒·圣米凯利,卡诺萨宫,1526—1528年,维罗纳,意大利**

卢多维科·卡诺萨大主教斥资建造的卡诺萨宫建于1526—1528年,具有古典特色,与同时代的几座根据维特鲁威思想建造的罗马建筑十分接近。从平面上看,建筑呈规整的长方形,并被分成3个部分,穿过门厅和大厅便可到达敞亮的内部庭院。建筑的外立面由两层构成,并且曾经布满壁画。在粗犷的底层上方,参考布拉曼特设计的卡普里尼宫设计的双壁柱高大而挺立。而在庭院中,维罗纳风格的柱顶则是借鉴了当地古罗马露台剧院中的柱顶样式建造而成。

# 安德烈亚·帕拉第奥

安德烈亚·帕拉第奥原名帕拉第奥·达拉·贡多拉，1508 年生于帕多瓦，是一位面粉厂主的儿子。在 1524 年帕拉第奥跟随家人一起搬到了维琴察，并在当地最有声望的石匠铺里工作。维琴察的统治阶层十分富足，并且渴求一场城市革新，而帕拉第奥与当时众多伟大建筑师有着密切联系，如威尼斯的桑索维诺、塞利奥、圣米凯利，曼托瓦的朱利奥·罗马诺等，于是帕拉第奥的艺术家事业得以稳步上升。来自帕多瓦的帕拉第奥在维琴察这个小城接受教育，并施展才华。文学家与人文主义学者詹乔治·特里西诺参考古希腊神话典故，赐予其帕拉第奥的名字。16 世纪 40 年代帕拉第奥前往罗马游历，并参与了提耶内宫的建造，而当这个项目的负责人朱利奥·罗马诺于 1545 年去世后，帕拉第奥顶替了罗马诺建造负责人的位置，挑起了大梁。而提耶内宫建造工程最终成功的收尾标志着帕拉第奥事业的成熟，也为之后帕拉第奥接受许多建造教堂和私人府邸的委托打下坚实的基础。在帕拉第奥的建筑生涯中，伟大而博学的人文主义者达尼埃莱·巴尔巴罗扮演着十分重要的角色，巴尔巴罗是一位有着多方面才能的大师，帕拉第奥为他建了马塞尔别墅，并为其 1556 年出版的维特鲁威《建筑十书》绘制了建筑图解。帕拉第奥对古典建筑的研究以及对维特鲁威思想的深入思考促使其在 1570 年发表了《建筑四书》，在书中，帕拉第奥分别分析了一些经典的古代建筑和自己设计的现代建筑，并在此基础上阐述了自己的建筑理论。

建于 15 世纪的维琴察法院也是举办市民会议的场所，然而在 1496 年，这座建筑的外部不幸倒塌，内部结构不规范带来的严重稳定性问题被暴露出来。面对这项难题，帕拉第奥使用帕拉第奥母题对其进行处理，并在建筑的上下两层都使用了古典敞廊，巧妙地解决了因柱子之间距离不统一而导致的结构问题。帕拉第奥的母题来源于古代的阿奎诺拱门，由朱利亚诺和安东尼奥·达·圣加洛将其重新带回大众视野，并曾被朱利奥·罗马诺和桑索维诺使用。而其最终的走红则需归因于帕拉第奥进行的改良，庄严与新颖的特点被赋予这个建筑元素。正是帕拉第奥母题的合理使用，使得帕拉第奥巴西利卡成为后人学习的楷模。

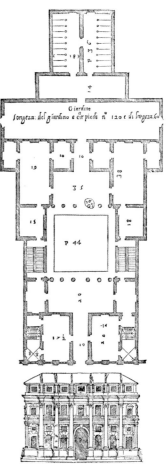

左上图

**安德烈亚·帕拉第奥，瓦尔马拉纳宫，1565年，维琴察，意大利**

右上图

**瓦尔马拉纳宫平面和立面图，出自帕拉第奥所著的《建筑四书》第二章第16页，1570年，威尼斯，意大利**

在瓦尔马拉纳宫的外立面设计中，帕拉第奥实验性地同时使用了两种壁柱，一种高耸而巍峨，从建筑底部一直延伸到建筑檐口；另一种则体型较小，仅出现在窗户的两侧。这种特殊的双柱式设计法也在他设计的一些教堂中出现，是帕拉第奥学习模仿米开朗琪罗得到的产物。而米开朗琪罗最早在设计罗马卡比托利欧山上的保守宫时，使用过类似的双柱式设计。从平面上看，瓦尔马拉纳宫内部庭院四周的布局沿着纵横两轴双向对称，而宫殿尽头的空间向外部延伸扩展，使最终的建筑平面呈现出纵向扩展的形态。

# 文艺复兴式别墅

大西洋新航路的开辟给威尼斯的海上贸易带来打击，使得威尼斯转而推广内陆乡间的农业开采活动。因此在 16 世纪威尼托大区的郊区涌现出一大批乡间府邸，然而与托斯卡纳以及罗马的乡间建筑不同，威尼托的这些府邸更偏向于作为农场使用。在威尼斯、维琴察、维罗纳这些城市存在众多富有人文主义情怀的建筑委托人，他们渴望在自己广阔的领土上建造满足实际功能需求的贵族庄园，与此同时，这些乡间别墅也必须拥有古典的高贵形态，从而彰显主人高贵的社会地位。帕拉第奥凭借其在威尼托大区显赫的声名成为众多别墅主人寻找建筑师的首选，从 16 世纪 50 年代开始，帕拉第奥受委托建造了大量的乡间别墅，这些以古典建筑变体为基础的别墅都遵循着轴对称的设计原则，建筑古典的外形与主人们对农业生产的实际需求完美而和谐地融汇在一起。帕拉第奥参考维特鲁威的理论，严格把控着建筑的比例关系并且保持其对称性，他以长方形或正方形的体块作为基础进行设计，对中央大厅做挑高处理，使其具有两层的楼高，并在大厅的四周环绕一系列房间。别墅的两个侧翼往往在空间上被扩张，以满足农业使用需求。与此同时，这些建筑的正立面都设计有古典风格的门廊，虽然各个别墅门廊的形式有所不同，但是它们都具有向古典致敬的相同本质。帕拉第奥设计的这些外形优雅的建筑在短时间内就一举走红，尤其是在英国盎格鲁－撒克逊人的建筑师团体中。而正是因此，帕拉第奥的建筑风格得到了学习和效仿，并得以在英国和美国广泛流传。

下图

**安德烈亚·帕拉第奥，巴巴罗别墅，1550—1560年，马塞尔，特雷维索，意大利**

1550—1560 年，帕拉第奥受阿奎莱亚大主教达尼埃莱·巴尔巴罗的委托，为他和身为威尼斯共和国大师的他的兄弟马尔坎托尼奥建造了马塞尔别墅。在巴尔巴罗深厚的人文主义情怀以及充实的资金基础的铺垫之下，帕拉第奥设计出了他设计师生涯中最为成功的一个作品。除此之外，当时享誉盛名的亚历山德罗·维多利亚和保罗·韦罗内塞两位大师分别为马塞尔别墅奉献了自己拿手的石膏装饰作品和壁画作品。建筑的整体构造参考了古罗马的迪奥克莱齐亚诺浴场，突出强调了门廊和建筑侧翼这两个构造：具有古典样式的门庭为建筑整体的凸起部分，面向着花园；而建筑的两个侧翼通过拱廊的形式形成空间上的延长并向后延伸，服务于农庄的牲畜。一个古典风格的仙女小庭院位于建筑的背面，被装饰有维多利亚设计的异教雕塑。

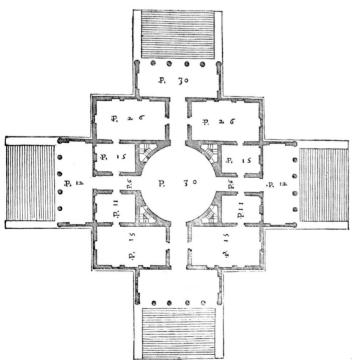

上图

**安德烈亚·帕拉第奥，圆厅别墅，始于 1556年**

左图

**安德烈亚·帕拉第奥，圆厅别墅平面图，《建筑四书》，1570年，威尼斯，意大利**

圆厅别墅的主人为罗马教廷的高级教士保罗·阿尔梅里克，他在职业生涯的晚年回到威尼斯生活。因此这座乡间别墅并不具备农业生产的功能，而是主要提供养老服务，提高别墅主人晚年生活的质量。在帕拉第奥的设计方案中，建筑具有中心性轴对称的特点，体现着维特鲁威的思想。从平面上看，建筑主体呈现正方形的构造，并以长方形为基本构建模块，由内而外合理地分布。在这其中，具有穹顶构造的中央圆形大厅起着交通枢纽的作用，将活动路线引导至各个次级空间。建筑平面上严格遵守的轴对称原则也在建筑外立面上得到体现，显得和谐而统一。

上图

**安德烈亚·帕拉第奥，福斯卡里别墅，1559年，米拉，威尼斯，意大利**

　　福斯卡里别墅是威尼斯的尼科洛·福斯卡里和阿尔维斯·福斯卡里两兄弟的府邸，别墅位于布伦塔河边，从威尼斯主岛乘船即可到达。出于防潮考虑，建筑矗立在一块高高的地基之上，具有古代庙宇般巍峨壮丽的外观。建筑的主外立面的中央矗立着古典风格的门廊，一对阶梯对称地架在门廊的两旁，十分具有克里图姆诺河岸边古代庙宇的特色，而正是因为这一特色，成为帕拉第奥作品中经常出现的建筑语言。而帕拉第奥的伟大之处正是体现在通过使用廉价的材料塑造出建筑宏伟庄严的容貌，如他通过砖头组织建筑的结构，通过灰泥塑造古代建筑大理石般的外立面质感。

右下图

**安德烈亚·帕拉第奥，萨雷戈别墅平面图及立面图，1565年，佩德蒙特圣索菲亚，维罗纳，被收纳于帕拉第奥的《建筑四书》，1570年，威尼斯，意大利**

　　帕拉第奥受维罗纳的马尔坎托尼奥·萨雷戈的委托而建造了这座位于维罗纳西边的萨雷戈别墅，这件建筑作品因其极具表现主义的语言，在帕拉第奥的作品中享有非同寻常的地位。萨雷戈别墅以维特鲁威设计的古罗马住宅为模板，拥有一个广阔的中心庭院以及一系列宏伟的拱廊。在别墅附近的领地中出土的一些古建筑遗骸中，结构部分的石材被重新使用，经过处理之后互相叠合，以柱子的形象重新出现在萨雷戈别墅中，给建筑增添了造型的美感，具有米开朗琪罗作品的特色。

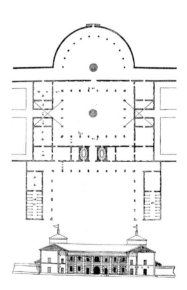

## 杰出作品
# 维琴察的奥林匹克剧院

来自维琴察的一个由贵族和智者组成的团体想要将他们的城市打造成小型的罗马，他们建造完自己豪华的住宅之后，便将目光移至公共建筑。这一次他们决定要建造一个具有古代风范的奥林匹克剧院，于是将这个光荣而伟大的任务托付给了帕拉第奥大师。1555 年，包括帕拉第奥在内的一些贤者创办了奥林匹克学院，他们以培养、传播科学和艺术为团队宗旨，并在 1579 年建造了古罗马风格的大剧院，他们以表演者和观众的双重身份参与大剧院的使用。

奥林匹克剧院的建造工程占据了帕拉第奥生命中的最后一段时光，这也是他最后一次从威尼斯赶往维琴察，居住在他建于 1570 年的住宅。1580 年帕拉第奥去世时，奥林匹克剧院的建造刚刚开始，而它之后的建造由帕拉第奥的儿子西拉和场景布置师温琴佐·斯卡穆奇完成。帕拉第奥建造这座奥林匹克剧院时，以维琴察当地的古剧院遗迹为基础，参考了维特鲁威关于建造古罗马剧院的建筑理论，并且查阅了大量的考古文献资料，对当时存在的古剧院进行了一系列案例研究，最终得出这座奥林匹克剧院的建造方案。然而从最后建成的结果来看，剧院的实际功能已经不再享有首要重要性，而古典的建筑语言取而代之，成为建筑的主旋律。

下图

**安德烈亚·帕拉第奥和温琴佐·斯卡穆奇，奥林匹克剧院一景，1580 年，维琴察，意大利**

剧院立体的布景是 1585 年由温琴佐·斯卡穆奇所设计，使用了 16 世纪出现的隔板绘画技术，展现了自然环境和城市景观之美。剧院舞台的前部呈现长方形，中央拱门的两旁分别带有两个小长方形门洞，欢迎着从四面八方赶来看剧的人们。

# 威尼斯的圣乔治教堂和救世主教堂

**安德烈亚·帕拉第奥，圣乔治教堂的外立面和平面图，1565年，威尼斯，意大利**

圣乔治教堂坐落在威尼斯圣马可广场对面的一座小型孤岛之上，具有崭新的空间布局和构造。教堂的整体被分为3个主要组成部分：半圆形后殿耳堂的教堂大殿、由4个圆柱支撑的正方形布道坛区以及与其布道坛区域用双柱分隔开的唱诗台区。教堂的内部空间通过不同的地面高度被区分和强调，因此在室内台阶的作用下，从教堂入口到尽头，透视的视角在不停地发生变化。建筑的外立面是两个门廊相互叠合的产物，不过可惜的是这个立面在帕拉第奥去世之后才被修建完成，也正是因此，一部分柱子的基座有些不够协调。

威尼斯的圣乔治教堂和救世主教堂是帕拉第奥在其职业生涯较为成熟的阶段创作出的两件建筑作品，向世人展现出文艺复兴时期的宗教建筑可以到达的高度。

在威尼斯参议院的提议下，威尼斯的圣乔治教堂得到建造。建于1565年的这座教堂展示出建筑师帕拉第奥对反宗教改革建筑原则的依附，并对之后建造的救世主教堂和圣朱斯蒂娜教堂起到榜样和模范的作用，并影响了之后几个世纪的教堂设计。1575—1576年爆发的瘟疫中，圣乔治教堂为市民的祈祷活动提供了场所。帕拉第奥在对教堂外立面的设计中，实验性地交叉使用了不同的建筑样式，与此同时赋予其雄伟壮观的威尼斯特色。在带有双重样式的古典门廊过渡之下，室内与室外的场景融洽和谐地结合在一起。帕拉第奥传承了布拉曼特、小安东尼奥·达·圣加洛和佩鲁齐的风范，以维特鲁威为楷模，将带有双重三角墙的古罗马法诺大教堂早已消逝的样貌投射到了圣乔治教堂之上。虽然法诺大教堂被文艺复兴建筑师屡次当作样板进行学习和效仿，但是帕拉第奥可以说是其中的佼佼者。他对古典模型的研习，也体现在对圣乔治教堂和救世主教堂的室内设计上，如他将古罗马浴场的宏伟赋予这两个教堂的礼拜空间，使得整体教堂空间呈现出不同的层次和等级。

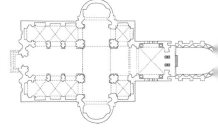

左图和下图

**安德烈亚·帕拉第奥，救世主教堂外部视图和平面图，1577年，威尼斯，意大利**

这座宏伟的教堂位于威尼斯的朱代卡岛上，1576年瘟疫之后由威尼斯共和国的参议院下令，并将其建造献给天主教嘉布遣会的修士作为祈福许愿的场所。威尼斯执政官和参议院的官员每年会在救世主教堂组织一场宗教仪式，由达官显贵组成的奢华仪式队伍浩浩荡荡进入教堂大殿，并在最后集中于带有穹顶的宽敞布道坛进行祷告活动。救世主教堂的主立面无疑和圣乔治大教堂拥有极大的一致性，不过与后者相较，帕拉第奥在救世主教堂中倾注了更多古典特色。庄严的台阶将人引至教堂高耸的前廊，大门就位于正中央的位置，而其上方的部分恰好处地引用了罗马万神庙的建筑语言，颇具古罗马神韵。

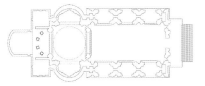

右图

**安德烈亚·帕拉第奥，救世主教堂室内，1577年，威尼斯，意大利**

救世主教堂的室内空间可以说是圣乔治教堂的延续，两者一脉相承，具有完整的连贯性。然而肩负着举办一年一度宗教仪式的重任，为了与仪式的奢华和庄严相称，救世主教堂在空间布局和场景布置上更为复杂。在带有半圆拱顶的主殿两侧分别陈设着3个小礼拜堂，穿过主殿便可抵达教堂的布道坛，布道坛的两边则一左一右坐落着两个宽敞的半圆形后殿。在进行一年一度的宗教仪式时，参加仪式的贵人们便作为特殊嘉宾出席，就坐在这两个不带祭坛的后殿。而教堂内部唯一的祭坛则位于穹顶的正下方，与唱诗班通过四个圆柱相分隔，与此同时这4个呈半圆形排列的圆柱也巧妙地将圣器收藏室入口遮蔽起来。救世主教堂的圣器收藏室呈正方形，并在整体空间上位于教堂的最末端，在平面布局上形成凸起状，强调了传统巴西利卡教堂的十字形布局。

# 欧洲文艺复兴时期的建筑

在 16 世纪的历史进程中，诸如法国、西班牙和奥地利等许多欧洲国家走上了君主政体的道路。然而这些国家对权力的争夺波及、损害了其他封建制国家的利益，并且在一定程度上对市民的自治权造成消极影响。欧洲列国政治权力的扩张导致意大利长期处于法国和西班牙等国的控制之中，与此同时，意大利文艺复兴晚期的文化也传播到了这些国家。从西班牙到法国，古典建筑形态缓慢地传入欧洲北部。然而由于政治和宗教因素的影响，以及北方各国零碎的领土分布，文艺复兴文化的引入并不顺畅。延续了整个 16 世纪的哥特式建筑主导着北方国家的整体形象，而在这活跃跳动的哥特式脉搏中，暗中涌动着一丝来自意大利文艺复兴的新鲜血液。

意大利文艺复兴文化首先被引入法国，弗朗切斯科一世对古典建筑的兴趣使得从 1515 年起，一批艺术家和建筑师从意大利移居至法国，以传授实质性经验的形式为瓦卢瓦宫廷服务。塞巴斯蒂亚尼诺·塞利奥从 1537 年发布的一系列关于建筑的论述在法国受到了持续关注，在论述中被提及的古代及当代建筑以木版画的形式得到重现。以塞利奥的论述作品为首的一大批建筑论文在欧洲各地得以广泛传播。这一历史性的转折标志着阿尔卑斯山以北的国家终于得以接触到古典建筑模型，建筑样式体系也因此得以更正。在这一基础上，带有浮华装饰的自主风格样式得以确立。带有如此样式的建筑充分满足了法国宫廷所渴望的表现需求，并因此备受推崇。不过与之相反，一种带有反宗教改革色彩并且简洁而朴实的建筑风格在西班牙的土壤生根发芽，并经由菲利波二世得到流传，在壮丽的埃斯科里亚尔修道院绽放光彩。

127页图

**古物陈列室，慕尼亚皇宫博物馆，1569—1571年，慕尼黑**

慕尼黑在 1505 年成为巴伐利亚的首府，并随之成为德国艺术和文化的中心。慕尼黑的公爵阿尔布雷克冯·维特尔斯巴赫与罗马教皇有着密切联系，他委托建筑师弗里德里希·祖斯特里斯在自己的府邸中建造了一个古物陈列室，用以陈列其收藏的大量雕塑和古董。至今为止，这个古物陈列室都是巴伐利亚城市博物馆不可缺少的一部分。这个带有半圆拱屋顶的宽敞大厅具有奇异奢华的装饰，大厅两侧的弦月窗将光线自然柔和地引入室内。整个长廊具有 16 世纪罗马建筑的风格，是德国文艺复兴建筑作品的杰出一例。

**左图**

**昂西勒弗朗，城堡庭院的立面细节图，始于1542年，法国**

法国皇储宠妾迪亚娜·迪·普瓦捷的姐夫——来自克莱蒙的安托万三世——在 1541 年委托塞利奥建造了一座具有意大利特征的城堡，这座城堡在平面上呈现对称的长方形布局，其内部的中心庭院宏伟壮丽，庭院立面的设计精致而复杂，带有和谐的韵律，具有布拉曼特设计的梵蒂冈贝尔韦代雷堡的杰出风范。立于底座上的带槽双壁柱将底层拱廊分隔开来，一部分露天而另一部分封闭。上层的窗户宽阔而巨大，直截了当地矗立在立面框架之上。

# 法国文艺复兴建筑

　　法国国王查理八世在与意大利的战争结束后于 1495 年返回法国，并将一批包括吉多·马佐尼和福拉·贾科多在内的意大利艺术家一起带了回去。在查理八世去世之后，路易十二世为了巩固对意大利伦巴第大区的统治，在 1499 年又一次发动了战争。瓦卢瓦弗朗切斯科一世可以说是法国艺术革新真正意义上的发起者，在他的努力下，达·芬奇从 1516 年由米兰赶往法国安布瓦兹工作和生活，直到 1519 年去世。弗朗切斯科一世强调充满艺术色彩的宫廷生活的重要性，在他召集的众多意大利艺术家的帮助下，成功地将闲置于法国乡村的土地转化为远离巴黎城市喧嚣的黄金宫殿。以达·芬奇、安德烈亚·德尔·萨尔托、罗西奥·菲奥伦蒂诺、普里马蒂乔以及塞利奥为代表的众多意大利艺术家给仍然处于哥特晚期的法国艺术注入了新的活力，成为将古典文化推广到意大利之外的第一批传播者。

　　到 16 世纪中期为止的建筑语言更新仅仅涉及国王以及贵族的城堡建造，整个 16 世纪建造的教堂建筑仍然保持着哥特风格。

下图

**舍农索城堡，1515—1524 年，法国**

　　舍农索城堡的主人是为法国国王弗朗切斯科一世提供理财服务的托马·博赫尔，城堡位于卢瓦拉山谷间的古代磨坊遗址之上，邻近谢尔河。城堡的围墙部分为法国工匠修建，而一些建筑的细节和装饰部分则为意大利艺术家所设计，并且具有传统法国城堡特色。

上图

**枫丹白露宫，始于1527年，法国**

对这座弗朗切斯科一世宠妾所居住的宫殿更新工作被委托给吉勒·勒·布雷东，他建造了一座连接住所和私人礼拜堂的长廊，而意大利艺术家弗朗切斯科·普里马蒂乔和罗西奥·菲奥伦蒂诺为这个皇家长廊设计了装饰。与此同时，法国本土建筑师菲利贝尔·德·洛尔姆设计了宫殿新的侧翼以及带有马蹄状楼梯的白马庭院。

130-131页图

**尚博尔城堡，始于1519年，法国**

尚博尔城堡位于尚博尔森林的中心地带，这座城堡可以说是弗朗切斯科一世最为壮观的住所。整个城堡由6个正方形模块组成，在平面上呈现出轴对称的长方形布局。具有防御作用的城堡主楼位于较长的一边，壮观的双螺旋楼梯将主楼一分为四。

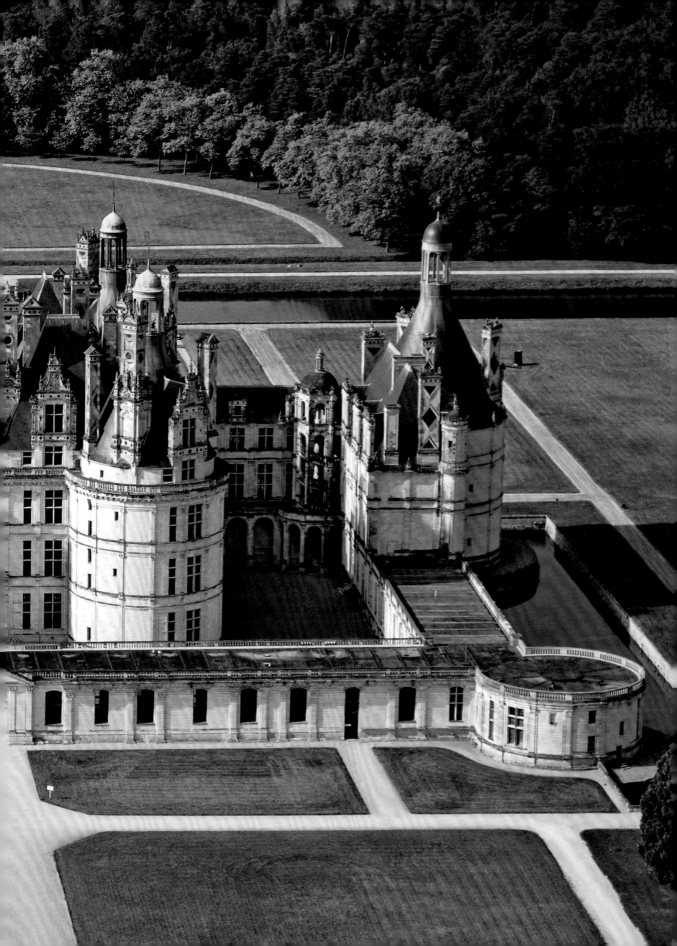

# 民族风格建筑

　　意大利艺术家将文艺复兴的典范和模板带到法国，推动了古典语言的传播，然而对于法国本土建筑师而言，这一切并没有起到实质性的作用。在法国的建筑工地上，依然沿用着中世纪的技术，重新加工古典语言仍旧存在实质性的难度。而这一切直到16世纪中期民族自主风格的兴起，才逐渐得到改善。在法国形成自主的建筑语言的进程中，起到关键性作用的一个事件就是塞巴斯蒂亚尼诺·塞利奥和菲利贝尔·德·洛尔姆（1510—1570年）这两位建筑师的会面。前者是1540年来到法国生活的意大利建筑大师，后者是16世纪法国杰出的本土建筑师之一。塞利奥对法国建筑做出的贡献不仅局限在他为法国设计了大量建筑，更体现在他给后人留下了许多珍贵的建筑论文，成为法国建筑师学习和参考的理论对象，指导和规范了具有法国特色的古典建筑语言。1546年弗朗切斯科一世决定搁置塞利奥为卢浮宫设计的方案，而采纳法国建筑师皮埃尔·莱斯科（1515—1578年）的方案。皮埃尔·莱斯科代表的是新兴的建筑师阶层，这一类建筑师学习过意大利风格的建筑，熟悉和了解文艺复兴建筑的特色，但是同时也更好地掌握了具有当地特色的建造语言。1548年法国国王亨利二世上位之后，菲利贝尔·德·洛尔姆得到器重，并被授予皇家建造工程的主负责人。菲利贝尔·德·洛尔姆为皇室服务的20年间，为法国古典主义风格的形成做出了决定性的贡献。菲利贝尔·德·洛尔姆对古建筑遗迹有过详细的研究，并且对布拉曼特和拉斐尔的建筑作品也十分了解，得益于此，他设计出了阿内城堡这件杰出之作。然而可惜的是，时至今日这座城堡只剩下残垣断壁。

左图
**菲利贝尔·德·洛尔姆，阿内城堡入口，1547年，法国**

　　位于诺曼底的阿内城堡是亨利二世及其母亲迪亚娜·迪·普瓦捷的一处住所，建筑师菲利贝尔·德·洛尔姆在意大利游学回到法国之后，参考罗马古典主义风格，将其原址上的建筑改建成阿内城堡。城堡的入口处的下半部分呈现出古罗马凯旋门的样式，成对的圆柱支撑起古典式过梁，为大门架出空间。而上半部分相较而言则不再那么拘谨，表现出更为从容的形态。在整个大门的顶端，矗立着一组表现狩猎场景的雕塑，向迪亚娜表示着敬意。

上图

**皮埃尔·莱斯科,卢浮宫,卡雷庭院,始于1546年,巴黎,法国**

　　卢浮宫面向卡雷庭院的一翼也根据建筑师莱斯科的名字被称为莱斯科侧翼,是根据意大利建筑模板所设计。其外立面底层按秩序排放着一系列双壁柱,支撑着上方的拱。而在立面的第二层,带有三角形山墙饰的窗户整齐地排列着。虽然莱斯科的设计依附于古典建筑,但是正是脱离于教条偶尔出现的那些例外,成就了法国建筑特有的韵律:建筑长长的立面被带有双柱支撑结构的垂直体块恰到好处地打断,立面正中央体块上方的阁楼高高矗立,并被覆以法国特色的屋顶。

# 西班牙文艺复兴建筑

与法国的政治情况不同，西班牙的政权直到 15 世纪末期才趋于稳定。1469 年，伊莎贝拉和费迪南多的婚姻促使西班牙的大部分领土得到统一。随着阿拉伯在西班牙最后的堡垒格拉纳达的陷落，西班牙光复运动最终在 1492 年落下帷幕，自此西班牙成为一个统一的基督教国家。但是光复运动中基督教王国与摩尔人长期的战争导致了西班牙持续的经济危机，并因此阻碍了西班牙建筑的同期发展。而直到查理五世的上台，政治环境最终稳定之后，古典的建筑语言才逐渐登陆西班牙半岛。在一系列政治联姻的基础上，查理五世继承并获得了西班牙、奥地利和勃艮第的大片领土统治权。查理五世在佛兰德斯接受教育之后回到西班牙，而当时西班牙的城市仍然保持着中世纪时期的面貌，因此在王朝转型之际，查理五世决定下令更新城市面貌。格拉纳达宫就是这场建筑革新中诞生的一个杰出作品，这座皇家宫殿由建筑师佩德罗·马丘卡建于 1527 年，是最初诞生在西班牙伊比利亚半岛土壤上的罗马文艺复兴风格建筑。自 16 世纪中期菲利波王子开始负责领导建筑活动之后，西班牙向古典主义建筑敞开了怀抱，壮丽雄伟的古典主义正式成为西班牙官方的建筑语言。西班牙的这场建筑革新运动标志着专制制度的愈演愈烈，在国王菲利波二世的引导下，严格的宗教主义随着埃斯科里亚尔修道院的建成而达到顶峰。

**佩德罗·马丘卡，查理五世宫殿庭院，1527年，格拉纳达，西班牙**

富有特色的环形宫殿庭院起到引导路线的枢纽作用，庭院的建筑外立面由两层组成，底层和上层的圆柱分别为陶立克式和爱奥尼式，各自支撑着上方连续的环形过梁。古典的建筑语言淋漓尽致地体现在这个庭院的设计中，以拉斐尔为代表的意大利文艺复兴建筑师带来的影响随处可见。这个西班牙庭院圆形的布局方式具有小安东尼奥·达·圣加洛的特色，而它与拉斐尔几年之前设计的马达马宫更是出奇的相似。由此一些学者推测，马丘卡可能在建造这座庭院之前游历过意大利。

**胡安·德·埃雷拉，埃斯科里亚尔修道院内的圣洛伦佐教堂，始于1574年，马德里，西班牙**

埃斯科里亚尔修道院是属于哈布斯堡皇室的专属陵墓，1572 年西班牙建筑师胡安·德·埃雷拉被任命为整个建造工程的负责人。在此之前，虽然包括帕拉第奥、蒂巴尔迪、阿莱西在内的许多知名意大利建筑师都为这座修道院提供了不同的设计方案，但是都逐一被菲利波二世否决，最终被采纳的还是埃雷拉的设计方案。不过值得一提的是，这些意大利建筑师们的设计思路依然对埃雷拉的最终方案产生了启示和影响作用。

上图

**胡安·德·埃雷拉, 埃斯科里亚尔修道院
外部, 1562—1584年, 马德里, 西班牙**

　　1559年，菲利波二世想要建造一个恢宏而神圣的场所来埋葬自己的父母，于是建造埃斯科里亚尔修道院的想法就这样形成了。而在不久之前的1557年8月10日，由菲利波二世率领的西班牙军在圣昆蒂诺战役中击溃了法国军队，并取得了战争的胜利，而这一天正巧是圣人洛伦佐的纪念日。因此当菲利波二世在构思建造这座修道院时，特地决定在其中建造一座教堂献给圣人洛伦佐，用以感谢洛伦佐当年对西班牙军队的庇佑。在修道院建造的初期，胡安·巴乌蒂斯塔·德·托莱多被任命为项目的负责人，1572年，胡安·德·埃雷拉顶替了托莱多的工作，并指导着整个修道院的建造，直到1584年这个宏伟的建筑项目最终完成。这座位于马德里附近瓜达拉马山中的皇家修道院已经不仅是普遍意义上的修道院，它除了满足修道院的功能，也具备着城堡、皇宫、皇室隐居地、皇家陵墓等多重身份，是集多种功能于一身的综合性建筑体。埃斯科里亚尔修道院在平面上呈现出长方形的布局，并且这个长方形较长的一条边长达200多米，表面材质都为灰色花岗岩。4座厚实的塔楼分别矗立在修道院的四角，静静守护着这座城堡状的建筑。

# 欧洲北部建筑

西班牙和法国在天主教的君主制度影响下，与意大利无论是在政治还是经济和文化上都有着紧密联系。然而欧洲北部国家的情况则不尽相同，意大利文艺复兴文化并没有被照搬全收，在整个 16 世纪的历史进程中，作为主流的当地传统，中世纪文化在一定程度上压制着这些外来文化的入侵。荷兰的部分地区长期被西班牙王权压制，而德国零碎的领土在 17 世纪之前又长期被血腥的宗教战争所蹂躏，在如此大环境之下，欧洲北方地区很难与意大利实现文化的交流，派遣艺术家前往意大利游学也并不具备实际的可行性，古典语言也因此难以得到传播。以荷兰学者德西德里乌斯·伊拉斯谟为代表的欧洲北方国家的人文主义者和文学家，了解古典文化的同时却生活在传统中世纪文化盛行的社会，在这个社会中，艺术家的创作甚至受到严格的行业管制。位于意大利与菲安德拉贸易要道上的奥格斯堡是 15 世纪富裕的德国城市之一，在如奥格斯堡一样的商业经济发展良好的城市中，新派意大利文化得以扎根生长，并和传统地方文化一起影响着城市的面貌。虽然传统保守势力十分稳固，但是在夹缝中生存的文艺复兴文化依然缓慢地扩张着自己的势力。在欧洲新的经济中心，古典主义的建筑语言成为富裕阶级宣扬社会地位的工具。1550 年，汉斯·布卢姆出版了关于建筑的第一部德语论文——《建筑五柱式详解》，这篇论文成为古典建筑语言在欧洲北方国家传播的有力工具，并且打开了通往古典主义道路的大门。

137页图
**奥托海因里希堡，1556—1559年，海德堡，德国**

建于 16 世纪的这座建筑位于中世纪德国城堡的内部，根据其主人的名字命名。城堡的主人奥托海因里希是王位候选人，同时也是一名推动人文主义文化在德国发展的促进者。这座建筑于 17 世纪遭到法国军队的破坏，现存的建筑立面上呈现出仿古典样式的同时，也带有中世纪风格的装饰。

左图
**富格尔小礼拜堂，圣安娜教堂，1509年，奥格斯堡，德国**

有权有势的雅各布·富格尔是德国 16 世纪初期服务于查理五世和莱昂内十世的银行家，他 1509 年斥资在圣安娜教堂中建造了这个家族小礼拜堂，这座小礼拜堂被普遍认为是在文艺复兴影响下诞生的第一座德国宗教建筑。这座极具特色的小礼拜堂是在意大利古典建筑样式和欧洲北方传统哥特风格共同影响下诞生的作品：教堂的中殿两旁的拱具有威尼斯教堂的特色，而教堂屋顶则带有明显的哥特风格，两者形成鲜明对比的同时也相映成趣。

# 新经济中心——安特卫普及其建筑

　　神圣罗马帝国的皇帝马西米利亚诺在 1488 年将布鲁日的经济特权转移到安特卫普这座位于斯凯尔特河边的城市，从此，在安特卫普出现了快速而不可阻挡的经济发展潮流。

　　随着不久之后美洲大陆的发现，新的大西洋航线被开辟出来以运送金银等矿物，而安特卫普作为欧洲北部最为重要的港口，更是因此变得更为富裕繁华。城市人口数量也得到了快速增长，并在 1516 年达到了 87000 人的惊人数量。然而被建于 1410 年的古城墙包围着的安特卫普已经无法满足日益增长的城市需求，于是一场历时 20 年的城市更新运动便浩浩荡荡地展开了。

　　随着城市的自主扩张，许多建筑已经在安特卫普城市围墙之外立下脚跟并蔓延生长。为了改善如此的城市面貌，来自贝尔加莫的意大利建筑师多纳托·佩利佐利被请来参与城市的重新规划。这位意大利建筑师在 1540 年实施的第一项城市革新计划就是建造城市新的防御城墙。面对城市进一步扩张而产生的建造新城区的需求，荷兰统治者玛利亚·迪·温盖里亚——查理五世的妹妹提出了理性而现代化的指导方针，在 1548 年她命令城市更新项目负责人吉尔贝特·范·塑恩埃贝克根据几何原则设计新的规法方案。利用募集而来的公共资金，范·塑恩埃贝克重新布置、设计了集市广场，并按照棋盘式的布局方式在广场四周安置了贩卖谷物的场所。然而在稳定和谐的经济大环境下，一场政权叛变运动在欧洲北部城市间爆发，虽然在菲利波二世的镇压之下，政治重新趋于稳定，但城市的发展却因为暴乱的影响而停滞。安特卫普这个资本主义经济城市发展的经验为整个城市规划的历史进程创造了不可磨灭的重要贡献，开辟了城市建设的崭新道路。

左图

**皮埃尔·范德·博赫特，《安特卫普交易所》，1567年**

　　安特卫普取得的巨大经济发展和民主成就推动了公共建筑的发展，而这些公共建筑往往处于城市的关键地带，并且带有资本主义功能。由多米尼克斯·达·梅吉马克在 1531 年建造的安特卫普交易所在平面上呈长方形，内部宽敞的庭院在四周环有一圈拱廊。

上图

**科内利斯·弗洛里斯, 安特卫普市政厅,
1561—1566年, 安特卫普, 比利时**

安特卫普市政厅的原型具有传统中世
纪特征, 而建筑师科内利斯·弗洛里斯
在原市政厅的基础上进行重建, 并赋予其
古典主义的色彩。建筑的立面带有双重壁
柱式, 带拱的底层表面镶嵌着砌琢石, 据
推测很有可能是根据意大利建筑师塞巴斯
蒂亚诺·塞利奥图纸中的一个模型建造而
成。整个立面十分规整, 位于中心位置的
三开间体块向前凸出, 十分具有造型感。
而反观建筑的屋顶部分, 则具有欧洲北方
国家的传统特色, 与其下方意大利文艺复
兴风格的建筑立面形成鲜明对比。

# 伊丽莎白时期的英国建筑

　　与欧洲北方国家情况相似，英国的城市建筑面貌直到 16 世纪初期依然以哥特风格为主导，文艺复兴的古典建筑语言到晚期才逐渐开始流传。由于英国政治和文化与意大利相去甚远，再加上宗教改革危机的影响，英国是整个欧洲最后接受古典建筑语言洗礼的国家，直到 17 世纪才开始受到文艺复兴文化的熏陶。英国都铎王朝稳定的政治情况为贵族阶级资本的持续累积提供基础，商业贸易的往来带动了经济的稳步增长，而对教堂土地的没收更是为伊丽莎白一世时期新的民族主义建筑样式提供了发展的土壤。在这一时期英国许多贵族家庭的府邸得到建造，这些府邸逐渐摆脱了以往防御性的建筑形式，以一种更具视觉美感的优雅形态出现在世人面前。16 世纪下半叶开始，虽然意大利文化并没有对英国的广大住宅建筑产生直接影响，但是在法国和佛来芒的建造经验和各类文献资料的浸润下，原本带有浓重哥特风格的广大英国住宅渐渐出现了古典主义特色。

141页图
**伯利庄园内部庭院，1585年，英国**

　　伯利庄园的主人为女王伊丽莎白一世的内阁大臣伯利，这座带有都铎风格的庄园建于 1585 年，位于斯坦福附近。庄园内坐落着一个不同寻常的法式庭院，神韵颇似菲利贝尔·德·洛尔姆建造的阿内城堡。庭院内部的装饰则都是从安特卫普海运过来，通过恰到好处的布置，给庄严增加了一丝佛来芒的地方特色。

左图
**朗利特城堡，1568年，英国**

　　朗利特城堡别墅位于威尔特郡，是约翰·泰恩爵士委托罗伯特·斯迈森建造的一座伊丽莎白风格的建筑。整个建筑带有朴实的装饰，规整而气派。建筑师通过向外凸起的体块打破了外立面原本单调的节奏，传统的英式凸窗给别墅的室内带来光亮。陶立克柱式、爱奥尼柱式以及科林斯柱式在立面上依次排列，支撑着过梁的壁柱位于窗户的四周，为建筑增添了浓厚的古典气息。

# 图片版权